浅层地热能与清洁供暖

——国际经验、中国实践与发展路径

关成华　赵　峥　刘　杨　等◎编

联合国工业发展组织绿色产业平台中国办公室
首都科技发展战略研究院
中国北方供暖能源与系统工程研究院
联合支持

·北京·

图书在版编目（CIP）数据

浅层地热能与清洁供暖：国际经验、中国实践与发展路径 / 关成华等编. —北京：科学技术文献出版社，2021. 2（2023. 7重印）

ISBN 978-7-5189-6151-1

Ⅰ. ①浅…　Ⅱ. ①关…　Ⅲ. ①地热能—普及读物　②地热利用—普及读物　Ⅳ. ① TK52-49

中国版本图书馆 CIP 数据核字（2019）第 223513 号

浅层地热能与清洁供暖——国际经验、中国实践与发展路径

策划编辑：丁芳宇　　责任编辑：崔灵菲　　责任校对：王瑞瑞　　责任出版：张志平

出 版 者　科学技术文献出版社
地　　址　北京市复兴路15号　　邮编　100038
编 务 部　（010）58882938，58882087（传真）
发 行 部　（010）58882868，58882870（传真）
邮 购 部　（010）58882873
官方网址　www.stdp.com.cn
发 行 者　科学技术文献出版社发行　全国各地新华书店经销
印 刷 者　北京虎彩文化传播有限公司
版　　次　2021 年 2 月第 1 版　2023 年 7 月第 3 次印刷
开　　本　710 × 1000　1/16
字　　数　121千
印　　张　9
书　　号　ISBN 978-7-5189-6151-1
定　　价　36.00元

绿色发展与清洁能源

课题组

组长：关成华

成员：赵　峥　　刘　杨　　白　英　　何天悦

孙　伟　　孙　骥　　陈　思　　蒋靖璇

袁祥飞　　文艺璇　　刘偲扬

序 言

近年来，中国雾霾天气日益频发，给环境造成了极大的挑战，不仅给人民的生产生活、交通安全、身体健康带来很多负面影响，还在很大程度上制约了中国经济的正常发展。研究表明，采暖季的燃煤污染是造成雾霾天气的主因之一。因此，因势利导，科学决策，大力发展北方清洁供暖，推动供暖能源转型升级，是关系国计民生的重大基础工程，对于缓解中国尤其是北方地区环境污染问题意义重大。

阿尔·戈尔在其《我们的选择：气候危机的解决方案》一书中提到："地热能可能是当今美国和世界上最大的也是目前最被误解的能源。"地热能作为一种清洁资源，因其所具备的可再生、分布广、储量大、成本低等特点，已成为世界上许多国家所考虑替代传统化石燃料的最佳资源之一。

"浅层地热能"是指地球表面到地壳底部稳定的温度梯度中恒温层所包含的热能，中国从 20 世纪末开始利用浅层地热能供暖技术。截至 2017 年年底，年利用浅层地热能折合 1900 万吨标准煤，实现供暖（制冷）建筑面积超过 5 亿平方米。根据中国 2017 年发布的《地热能开发利用"十三五"规划》，到 2020 年，可用于地热能采暖或制冷的面积预计将达到 16 亿平方米。浅层地热能作为绿色环保的可再生资源，由于具有储量巨大、再生迅速、分布广泛、稳定性好等优点，已成为替代传统供暖能源的有力候补之一，因此，地热资源的开发与利用对中国构建资源节约型和环境友好型社会发挥着重要作用，在中国能源结构改革中也占有重要地位。

本书旨在以科普的方式对地热能和浅层地热能的概念综述、地热能利用的国际实践及地热供暖的通用技术等进行介绍，以提高社会认知度。同时，总结浅层地热供暖的主要优点，梳理浅层地热能供暖的应用场景，分析当前面临的问题，并针对相关领域的未来发展提出一些推动措施。

在本书的编撰过程中，得到了中国科学院院士、国际欧亚科学院院士、地热和水文地质学家、中国科学院地质与地球物理研究所研究员汪集旸，著名暖通空调专家、中国制冷学会副理事长、中国建筑学会常务理事、教授级高级工程师吴德绳，中国工程院院士、水文地质环境地质学家、中国矿业大学教授武强，北京市政协第十三届委员会委员、中国（香港）地热能产业发展集团董事局主席徐生恒等专家学者的支持和建言，以及相关领域机构和企业的大力支持，尤其是恒有源科技发展集团有限公司，为本书提供了浅层地热能供暖的应用案例。在此一并表示衷心感谢！

当然，我们在一些方面的认识和研究仍然不够全面和深入，难免有不足和疏漏之处，敬请批评指正。

关成华
联合国工业发展组织绿色产业平台中国办公室主任
首都科技发展战略研究院院长
中国北方供暖能源与系统工程研究院院长
2019 年 9 月

前 言

2015 年联合国可持续发展峰会通过的《改变我们的世界——2030 年可持续发展议程》是针对全球所面临的新问题、新挑战，实现消除贫困、保护地球、确保所有人共享繁荣的全球性目标和方案，为我们勾勒出了未来 15 年全球发展的宏伟蓝图。中国共产党第十八届五中全会明确提出了“创新、协调、绿色、开放、共享”五大发展理念，其中，绿色发展是破解日趋严重的生态问题、摆脱目前能源困境的一种可持续发展模式，而调整能源结构是全面推动绿色发展的重点，能源革命将为中国绿色发展提供重要的“有形”支撑。

供暖是中国北方社会民生的重大基础工程。长期以来，北方地区供暖主要以一次能源特别是煤炭燃烧为主，容易引发环境污染、能源浪费，导致雾霾天气频发，供暖季又被人们戏称为“雾霾季”，严重影响了人民的日常生活和身体健康。2016 年，习近平总书记在中央财经领导小组第十四次会议上明确提出，推进北方地区冬季清洁取暖，按照企业为主、政府推动、居民可承受的方针，宜气则气，宜电则电，尽可能利用清洁能源，加快提高清洁供暖比重。

因此，首都科技发展战略研究院和中国北方供暖能源与系统工程研究院的相关研究人员共同组成编写组，在借鉴国内外研究成果的基础上，阐述地热能及浅层地热能的理论概念及应用技术，力图通过总结和梳理国内外城市的相关实践经验，重点分析北京在浅层地热能供暖的应用方面所面临的现实问题，总结出推广清洁供暖过程中的一些启示以供借鉴，并在此基础上提出了未来发展的思路及建议。具体而言，本书由 9 个主体篇章及 2 个附录构成，主体篇章包括地热能和浅层地热能的概念综述、地热能利用的国际实践、供暖能源利用现状、清洁供暖模式分析、地热能供暖的通用技术、浅层地热能供暖的优点、浅层地热能供暖的应用场景、面临的问题及推动措施，附录为国内外相关政策及重要政策说明。

当前，中国的清洁供暖模式主要有天然气供暖、电供暖、清洁燃煤供暖和可再生能源供暖4种。但从能源储量、环境保护、能源品位及技术的角度考虑，目前占清洁供暖市场主导地位的天然气与清洁燃煤集中供暖，以及太阳能、风能、生物质能、水能等可再生能源均不适宜作为中国北方清洁供暖的首选能源。

相比之下，浅层地热能是指地表以下200米深度范围内，在当前技术经济条件下具备开发利用价值的，蕴藏在地壳浅部岩土体和地下水中温度低于25 ℃的低温地热资源，具有储量巨大、再生迅速、分布广泛、温度适中、稳定性好等优点，是取之不尽、用之不竭的巨大“绿色能源宝库”。浅层地热能作为低品位可再生能源，可以供暖、制冷，并提供生活热水，具有无燃烧、无排放、使用区域零污染、价格低等特点，有助于实现经济、社会、环境效益的统一。

最新数据表明，中国336个地级以上城市浅层地热能年可开采资源量折合7亿吨标准煤，可实现建筑物夏季制冷面积326亿平方米，冬季供暖面积323亿平方米。每年可减少二氧化碳排放6.52亿吨。

世界各地都在利用地热能方面做着积极的努力。根据2015年世界地热大会统计，世界各国地热资源利用量不断攀升，开展地热资源利用的国家已经达到82个。在地热直接利用方面，中国、美国、瑞典、土耳其和德国居前5位。本书重点总结和梳理了瑞士、冰岛和美国3个国家及其典型城市的相关实践经验，以期对中国推广清洁供暖起到有益的借鉴作用。

用浅层地热能热泵系统全面替代矿物质燃料（煤、油、气），实现无燃烧供热，在中国已有十多年的成功经验。2017年12月，发展改革委等十部委共同发布《北方地区冬季清洁取暖规划（2017—2021年）》，对北方地热能供暖、生物质能供暖、太阳能供暖、天然气供暖、电供暖、工业余热供暖、清洁燃煤集中供暖、北方重点地区冬季清洁供暖“煤改气”气源保障总体方案做出了具体安排。同期，发展改革委等六部委联合印发《关于加快浅层地热能开发利用促进北方供暖地区燃煤减量替代的通知》，提出因地制宜加快推进浅层地热能开发利用，明确将浅层地热能作为北方供暖的替代能源。因此，基于对当前技术、环境、经济等因素的综合考量，应将浅层地热能作为中国北方清洁供暖的首选能源。

浅层地热能供暖至少具有 4 个方面的比较优势。浅层地热能供暖具备“三联供”的特征，不仅能够供暖，还能够制冷并提供生活热水，有效地提升了居民生活品质；采用浅层地热能集中供暖，无须投资建立大规模供暖管线、热网系统、配电网络等，有效地减少了建设开发投资；与其他供暖方式相比，浅层地热能供暖的采暖费用最低，每平方米供暖费用不到 10 元，能有效降低居民供暖成本，经济效益显著；浅层地热能供暖具有无燃烧、无污染、无排放等特点，相较传统的供暖方式，节能减排效果显著，有效地促进了城乡绿色发展。

本书选取了单户农舍、学校、综合型场馆及居民区 4 个典型的应用场景，通过对各场景下的北京城乡地区的 4 个典型项目［单户农舍应用场景——北京市海淀区西闸村地能热宝系统、学校应用场景——北京市海淀外国语实验学校的浅层地热能“三联供”项目、综合型场馆应用场景——国家行政学院港澳培训中心的浅层地热能供暖（冷）模式及居民区应用场景——北京四季香山住宅小区项目］进行调研，发现在浅层地热能供暖方式的推广应用过程中，上述 4 个方面比较优势得到了充分体现。浅层地热能供暖不仅为城市提供了一种经济低碳集中供暖模式，还为农村地区提供了分布式的清洁高效自采暖模式，对于推动供暖能源转型、区域环境改善、经济效益提升发挥了重要作用。

但是，在推广应用浅层地热能供暖的过程中还存在一些亟待解决的问题和挑战。例如，社会对浅层地热能供暖的认知度较低，人们对于供暖的认识尚停留在“燃烧产生热量”的阶段，对无燃烧过程、能源品位低的浅层地热能供暖持怀疑态度；中国浅层地热能源开发产业的基础薄弱，不仅缺乏科学指导、资金支持和环境影响评价，还缺乏系统性布局；对相关基础研究与技术研发不够重视，创新能力较为薄弱；在城市与农村两个供暖市场，浅层地热能供暖市场的开拓和产业发展分别受到了场地硬环境与营商软环境的制约；前期投入较高，影响浅层地热能供暖项目的推广；目前中国北方的供暖市场缺乏统一政策和市场监管机制，市场保障机制和补贴机制还不够完善，无法引导社会积极采用浅层地热能供暖，而且政府对开发利用浅层地热能供暖的企业，特别是民营企业的支持力度比较欠缺。

地能热冷一体化新兴产业是推动加速治理雾霾，实现经济效益和社会效益双赢的最经济和有效的手段之一，可实现经济、社会、环境效益的共赢。中国北方地区有必要进一步加大浅层地热能供暖的推广应用力度，具体措施为：一是加强顶层设计，完善保障体系；二是鼓励政策倾斜，强化财税支持；三是加大研发力度，压缩前期成本；四是重视宣传推广，增强大众认知；五是创新参与机制，提升生活品质；六是实施互联网＋地热战略，实现资源共享；七是探索模式创新，推动产业发展。

Foreword

Transforming Our World-The 2030 Agenda for Sustainable Development adopted at the 2015 United Nations Sustainable Development Summit is a global goal and plan of action to eradicate poverty, protect the planet and ensure prosperity for all, aiming at new problems and challenges facing the world. It outlines the grand blueprint for global development in the next 15 years. The 5th Plenary Session of the 18th Central Committee of the Communist Party of China clearly put forward five development concepts of "Innovation, Coordination, Green Development, Opening up, and Sharing" . Among them, green development is a sustainable development mode that could resolve the increasingly serious ecological problems and get rid of the current energy dilemma. While adjusting the energy structure is the key to comprehensively promote green development. The energy revolution will provide an important "tangible" support for China's green development.

Heating supply is an essential foundation for people's livelihood in Northern China. For a long time, primary energy, especially coal consumption, is the main heating source there, causing environmental pollution, energy waste, and frequent haze weather. Hence, heating period is also nicknamed "haze season" . However, this weather has seriously affected people's daily life and health. In 2016, Chairman Xi Jinping proposed in the 14th Meeting of the Central Leading Group on Finance and Economics, that promoting clean heating in winter in North China should be based on a strategy of business-oriented, government-driven, affordable prices for residents. This strategy adopted a rather flexible approach in energy usage, calling for using gas or electricity for heating wherever permissible, thus increasing the percentage of clean-heating.

Therefore, the relevant researchers of Capital Institute of Science and Technology Development Strategy (CISTDS) and North China Heating Energy and System Engineering Research Institute jointly formed a core report group. Based on domestic and foreign research findings, the theoretical concepts and application technologies of geothermal energy and shallow geothermal energy (SGE) were expounded. We summarized and sorted out the relevant practical experience of domestic and foreign cities, focused on the analysis of practical problems faced by Beijing in the application of SGE heating so as to summarize the enlightenments in promoting clean heating for reference, and put forward some ideas and recommendations for the future development. Specifically, this book consists of seven main chapters and two appendices. The main contents include a review of geothermal energy and SGE, international practice of geothermal energy utilization, general technologies for geothermal heating, main advantages of SGE heating, as well as application scenarios, problems and promotion measures of SGE heating. The appendices are relevant domestic and foreign policies.

Currently, clean heating modes in China mainly include natural gas heating, electric heating, clean coal-fired heating and renewable energy heating. Nevertheless, regarding the factors of energy reserves, environmental protection, energy grade and technology, neither do clean heating methods (including natural gas heating and clean coal-fired centralised way) have priorities in Northern China (although these methods have dominated the clean heating market), nor could renewable energy (such as solar energy, wind energy, biomass energy, water energy, and so on) be the proper energy resource in this area.

By contrast, SGE refers to low-temperature geothermal resources with the value of exploitation and utilization under the current technological and economic conditions, which are contained in the shallow rock-soil mass and groundwater (within the depth of 200 meters) with a temperature lower than 25 ℃. For its distinctive advantages of vast reserves, rapid regeneration, wide distribution, moderate temperature and excellent stability, SGE can be a reliable alternative. SGE, as a type of renewable energy free from the depletion problem, is an inexhaustible "green energy treasure house" . As a kind of low-grade renewable energy, SGE can provide heating, refrigeration and domestic hot water. Featured in non-combustion, non-emission, zero pollution and economical during usage, SGE realizes the unification of economic, social and environmental benefits.

The latest data shows that the annual exploitable volume of SGE resources in 336 prefecture-level cities in China is equivalent to 0.7 billion tons of standard coals, which can meet the cooling demand of 32.6 billion square meters and a heating area of 32.3 billion square meters. It can reduce CO_2 emissions by 0.652 billion tons per year.

Active efforts have been made in the utilization of geothermal energy around the world. According to the statistics of the 2015 World Geothermal Conference, the utilization of geothermal resources in the world has been rising, and the number of countries using geothermal resources has reached 82. China, the United States, Sweden, Turkey and Germany rank the top five in terms of direct use of geothermal energy. We focus on summarizing and sorting out the relevant practical experiences of Switzerland, Iceland and the United States, as well as those of their typical cities, in order to provide a useful reference for China to promote clean heating.

China has the decades-long history of replacing fossil fuels with shallow-ground-energy-heating pump systems for combustion-free heating. On December 2017, NDRC and other nine government institutions jointly issued *Winter Clean Heating Planning in the North Region (2017—2021)*. Among them, specific arrangements have been made for the geothermal heating in the north region, biomass heating, solar heating, natural gas heating, electric heating, heating by industrial waste heat and clean coal-fired central heating, as well as the overall scheme of gas source supply guarantee for winter clean heating in key areas of the North China (namely "Changing fuel from coal to natural gas"). During the same period, the National Development and Reform Commission (NDRC) and other five ministries jointly issued *Notice on Accelerating the Development and*

Utilization of Shallow Geothermal Energy to Promote the Replacement of Coal Burning in Northern Heating Areas, which urged to speed up the development and utilisation of SGE according to local conditions, thereby clarifying SGE's position as an alternative energy for heating in North China. All in all, after a thorough deliberation on technology, environment and economy, SGE should be considered as the preferred energy for clean heating in Northern China.

There are at least four comparative strengths of SGE. SGE's "triple supply" feature, which provides heating, but also it can supply refrigerate and domestic hot water, could effectively improve the quality of life of residents. SGE-driven heating can effectively reduce investment on construction, in the sense that it uses centralized heating instead of the costly infrastructure such as large-scale heating pipelines, heating network systems, distribution networks and so on. Costing less than 10 yuan per square meter, SGE is the most economical heating modes, which can significantly reduce the heating cost of residents, bringing remarkable economic benefits. Shallow geothermal heating has the advantages of combustion-free, pollution-free and emission-free. Compared with traditional heating methods, energy saving and emission reduction effect is remarkable, which effectively promotes the green development of urban and rural areas.

We selected four typical application scenarios for single-family farmhouse, school, comprehensive venue and residential area, and investigated four typical projects corresponding to the application scenarios in urban and rural areas of Beijing (single-family farmhouse scenario—the geothermal treasure system of Xizha Village of Haidian District; school scenario—the SGE triple supply project of Haidian Foreign Language School of Beijing; comprehensive venue scenario—the shallow geothermal heating/cooling model of the Hong Kong Macau Training Center of Chinese Academy of Governance and residential area scenario—the project of Beijing Siji Xiangshan Residential Community). We found that the above four comparative advantages have been fully embodied in the process of popularisation and application of shallow geothermal heating. Not only does SGE provide a low-carbon centralised heating mode for cities, but also it offers a distributed, clean and efficient self-heating mode for rural areas. It has played a critical role in promoting the transformation of heating energy, improving the regional environment and economic efficiency.

However, there are yet some urgent problems to be solved for market promotion and application. For example, social awareness of shallow geothermal heating is still weak. Inhabitants' understanding of heating is merely in the stage of "heat generated by combustion" , and they are sceptical of shallow geothermal heating with the fire-free process and lower energy grade. The industrial foundation of China's SGE exploitation is relatively weak, not only lacks scientific guidance, financial support and environmental impact assessment, but also lacks systematic layout. In addition, it pays less attention to relevant basic research and technological R&D, and shows weak ability of innovation. Moreover, in urban and rural heating markets, the promotion of shallow geothermal heating projects is constrained by both the geographical and business environment, respectively. Also, costly investment during initial stage has limited the advancement of shallow geothermal projects. At present, the imperfect subsidy mechanism of the heating market in Northern China has become a stumbling block for SGE heating adoption, and the relevant market guarantee mechanism and subsidy mechanism are not sound enough. What's worse, the lack of the government's support for the SGE heating enterprises, especially for private ones, has led this new method a long and hard way to go.

Industry-wise speaking, the emerging integrated geothermal-driven heating and cooling system industry is one of the most economical and practical approach to control haze and to realize a win-win status in economy, society and environmental benefits, which, therefore, should be further promoted in North China. Firstly, we recommend the policymaker to strengthen the top level design and improve the safeguard system; secondly, the government should promulgated preferential policies and strengthen fiscal and taxation support in SGE; thirdly, we suggest enterprises intensify R&D and reduce the costs; fourthly, authorities should attach importance to enhance public awareness; fifthly, we advise creation in participation mechanism to improve the life quality; sixthly, it is necessary to implement the strategy of "Internet + geothermal resources" to achieve resource sharing; lastly, authorities need to explore mode innovation so as to promote industrial development.

目 录

引 言 …… 1

一、地热能与浅层地热能 …… 4

（一）地热能 …… 4

1. 地热能的内涵 …… 4

2. 地热资源的分布 …… 6

3. 地热能利用 …… 8

4. 中国地热能开发利用重要政策 …… 11

（二）浅层地热能 …… 14

1. 浅层地热能的内涵及属性 …… 14

2. 中国浅层地热能开发利用状况 …… 16

二、地热能利用的国际实践 …… 18

（一）瑞士 …… 20

1. 整体发展情况 …… 20

2. 城市案例分析——圣加仑市 …… 23

3. 经验总结 …… 24

（二）冰岛 …… 26

1. 整体发展情况 …… 26

2. 城市案例分析——雷克雅未克 …… 28

3. 经验总结 …… 30

（三）美国 …… 32

1. 整体发展情况 …… 32

2. 城市案例分析——加利福尼亚州 …… 34
3. 经验总结 …… 36

三、供暖能源利用现状 …… 38
（一）国内外能源利用现状 …… 39
（二）中国常用的供热热源和清洁供热热源 …… 43
1. 燃煤热电厂 …… 43
2. 燃煤锅炉房 …… 44
3. 燃气热电厂 …… 44
4. 燃气锅炉房 …… 45
5. 燃气分布式冷热电供能站 …… 45
6. 其他供暖热源 …… 46

四、清洁供暖模式分析 …… 47
（一）天然气供暖 …… 48
（二）电供暖 …… 50
（三）清洁燃煤集中供暖 …… 51
（四）可再生能源供暖 …… 52

五、浅层地热能供暖的通用技术 …… 55
（一）地源热泵系统 …… 55
（二）地源热泵相关利用技术 …… 59
1. 低温地板辐射技术 …… 59
2. 信息技术 …… 59
3. 地热梯级利用技术 …… 59
4. 混合水源联动运行空调技术 …… 59
5. 回灌技术 …… 60
6. 增强型地热系统 …… 60

（三）浅层地热能供暖技术分析——高效环保的供暖解决方案 …………60
1. 热冷一体化智慧供暖 ……………………………………………………61
2. 热源提供——钻井采能 …………………………………………………62
3. 热能输送——分布式 ……………………………………………………64
（四）相对其他清洁能源的比较优势 ………………………………………67

六、浅层地热能供暖的优点 ……………………………………………………69
（一）有效提升居民生活品质 ………………………………………………73
（二）有效减少建设开发投资 ………………………………………………74
（三）有效降低居民供暖成本 ………………………………………………75
（四）有效促进城乡绿色发展 ………………………………………………76

七、浅层地热能供暖的应用场景 ………………………………………………78
（一）单户农舍应用场景——北京市海淀区西闸村 …………………………78
1. 实用的计量方式 …………………………………………………………81
2. 低廉的费用支出 …………………………………………………………81
3. 更宜人居的环境 …………………………………………………………82
（二）学校应用场景——北京市海淀外国语实验学校 ………………………82
1. 灵活的自主调节模式 ……………………………………………………83
2. 可控的运行费用 …………………………………………………………83
3. 显著的节能减排表现 ……………………………………………………84
（三）综合型场馆应用场景——国家行政学院港澳培训中心 ………………85
1. 较高的经济性 ……………………………………………………………86
2. 良好的环境效益 …………………………………………………………87
3. 有针对性的技术创新 ……………………………………………………87
（四）居民区应用场景——北京四季香山住宅小区 …………………………88
1. 经济的运行成本 …………………………………………………………89
2. 灵活的系统设计 …………………………………………………………89
3. 突出的环保性 ……………………………………………………………90

八、面临的问题……91
（一）社会对浅层地热能供暖的认知度较低……91
（二）相关产业基础薄弱，缺乏各层次的支持和系统性布局……92
（三）不重视相关基础研究与技术研发，创新能力薄弱……93
（四）缺乏共识是首要障碍……93
（五）对浅层地热能的开发利用缺乏统一政策和市场监管机制……95
（六）开发利用浅层地热能供暖的补贴机制亟待完善……95

九、推动措施……97
（一）加强顶层设计，完善保障体系……97
（二）鼓励政策倾斜，强化财税支持……98
（三）加大研发力度，压缩前期成本……99
（四）重视宣传推广，提升大众认知……100
（五）创新参与机制，提升生活品质……100
（六）实施互联网+地热战略，实现资源共享……100
（七）探索模式创新，推动产业发展……101

附录 1　国内外相关政策清单……102
一、国内政策……102
二、国际政策……108

附录 2　重要政策说明……110
关于促进地热能开发利用的指导意见……110
关于加快浅层地热能开发利用促进北方采暖地区燃煤减量替代的通知……115

参考文献……121

引　言

在过去的几个世纪里，世界发生了巨大的变化。快速发展的工业化为人类创造了前所未有的丰富的物质世界、辉煌的科学技术成就，使得人们享受着越来越便利的生活和福利。但是，其代价也是惨重的，人类赖以生存的自然环境和生态遭到破坏。一方面，地球的自然资源正在枯竭；另一方面，人们对能源和资源的过度消耗，导致能源危机成了全球性问题，甚至是几次现代战争的重要起因。在这期间，全球表面平均温度上升了 0.3 ～ 0.6 ℃，海平面上升了 10 ～ 25 厘米。在我们享受舒适生活时，殊不知地球这个人类赖以生存的家园已经千疮百孔。

绿色理念的提出就是源于对传统发展理念、路径和模式的反思，是人类对自身的生产、生活方式之反省。

2015 年联合国可持续发展峰会通过的《改变我们的世界——2030 年可持续发展议程》是针对全球所面临的新问题、新挑战，实现消除贫困、保护地球、确保所有人共享繁荣的全球性目标和方案，为我们勾勒出了未来 15 年全球发展的宏伟蓝图。中国共产党第十八届五中全会明确提出了“创新、协调、绿色、开放、共享”五大发展理念，实现绿色发展是破解日趋严重的生态问题、摆脱目前能源困境的一种可持续发展模式，而调整能源结构是全面推动绿色发展的重点，能源革命将为中国绿色发展提供重要的“有形”支撑。

能源革命是在人类生产力水平不断提高的基础上所发生的能源生产与消费及与其相关的产业转型升级、结构优化、技术进步、体制与机制创新等重大变革，是一个以新能源取代旧能源及由此而产生的能源系统演变的过程。能源革命是推动人类社会发展的重要动力。

人类历史其实也是一部能源变革史。历史上每一次能源变革都意味着人类生产力的巨大解放与进步。近 200 多年来，以煤炭、石油为主的化石能源支撑着世界经济的发展与社会的进步。从2017年的全球一次能源消耗结构来看，石油、煤炭和天然气等化石能源仍然是主体能源，总占比为85.2%。水电和核能占比较低，分别为6.8%和4.4%。可再生能源在一次能源消耗中占比最低，仅为3.6%（图1）。然而，化石能源终究是不可再生能源，并非取之不尽、用之不竭，全球经济社会发展对化石燃料的过度依赖必将引发能源短缺的危机。根据2018年《BP世界能源统计年鉴》，2017年石油的探明储量约为1.6966万亿桶，按照2017年原油产量（9265万桶/天）计算，全球原油只够开采18 312天，约为50.2年。

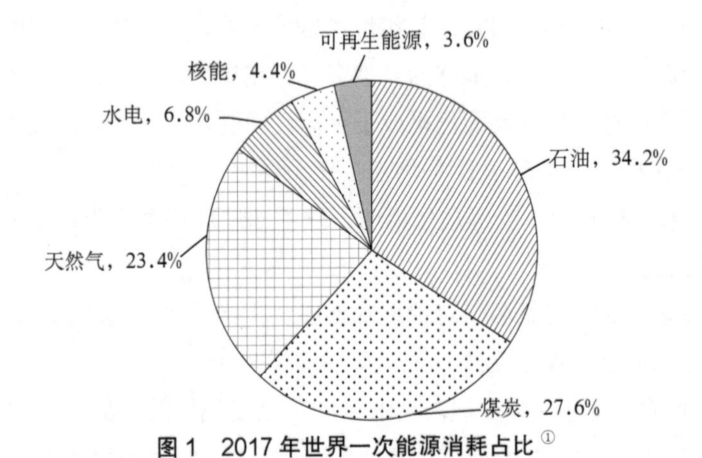

图1　2017年世界一次能源消耗占比[①]

此外，化石能源燃烧将排放大量的烟尘等污染物，导致灰霾频发，严重危害人类的身体健康。众所周知的1952年英国伦敦烟雾事件就是由于大量燃用煤炭等化石能源引起的，死亡人数达4000人。同时，化石能源燃烧还是全球温室气体排放的主要来源。根据联合国政府间气候变化专门委员会的评估报告，温室气体引起的全球升温已经导致物种灭绝、粮食减产、自然灾害频发等严峻后果。

近年来，在全球应对气候变化、环境污染的大背景下，世界范围内又掀起了新一轮的能源革命浪潮。当前以化石能源为支柱的传统高碳能源体系，将逐渐被以新能源和可再生能源为主体的新型低碳能源体系所取代。人类经济社会

① 资料来源：2018年《BP世界能源统计年鉴》。

发展不能再依赖有限的矿物资源，也不能再侵占和损害环境空间。新一轮的能源革命将推动人类社会从当前不可持续的工业文明发展模式向人与自然相和谐、经济社会发展与资源环境相协调的可持续发展模式过渡。

绿色发展理念以绿色惠民为基本价值取向，良好的生态环境既是最公平的公共产品，也是最普惠的民生福祉。2016 年 12 月 21 日，习近平总书记在中央财经领导小组第十四次会议上明确提出，推进北方地区冬季清洁取暖，按照企业为主、政府推动、居民可承受的方针，宜气则气，宜电则电，尽可能利用清洁能源，加快提高清洁供暖比重。

因此，首都科技发展战略研究院和中国北方供暖能源与系统工程研究院的相关研究人员共同组成编写组，旨在以科普的方式对地热能和浅层地热能的概念综述、地热能利用的国际实践及地热供暖的通用技术等进行介绍，以提高社会认知度。同时，总结浅层地热能供暖的主要优点，梳理浅层地热能供暖的应用场景，分析当前面临的问题，并针对相关领域的未来发展提出一些推动措施。

一、地热能与浅层地热能

（一）地热能

1. 地热能的内涵

地热能大部分是来自地球深处的可再生性热能，它起源于地球的熔融岩浆和放射性物质的衰变。地球本身就像一个大锅炉，深部蕴藏着巨大的热能。在地质移速的控制下，这些热能会以热蒸汽、热水、干热岩等形式向地壳的某一范围聚集，火山喷发、温泉和喷泉等都是地热的传播方式。还有一小部分能量来自太阳，大约占总的地热能的 5%，表面地热能大部分来自太阳。地下水的深处循环和来自极深处的岩浆侵入地壳后，把热量从地下深处带至近表层。其储量比人们所利用能量的总量多很多，大部分集中分布在构造板块边缘一带，该区域也是火山和地震多发区。它不但是无污染的清洁能源，而且如果热量提取速度不超过补充的速度，那么其热能是可再生的（图 2）。

地热能资源主要有两种：地下蒸汽或热水，地下干热岩体。前者主要用于地热发电，而后者主要用于地热直接利用（供暖、制冷、工农业用热和旅游疗养等）。

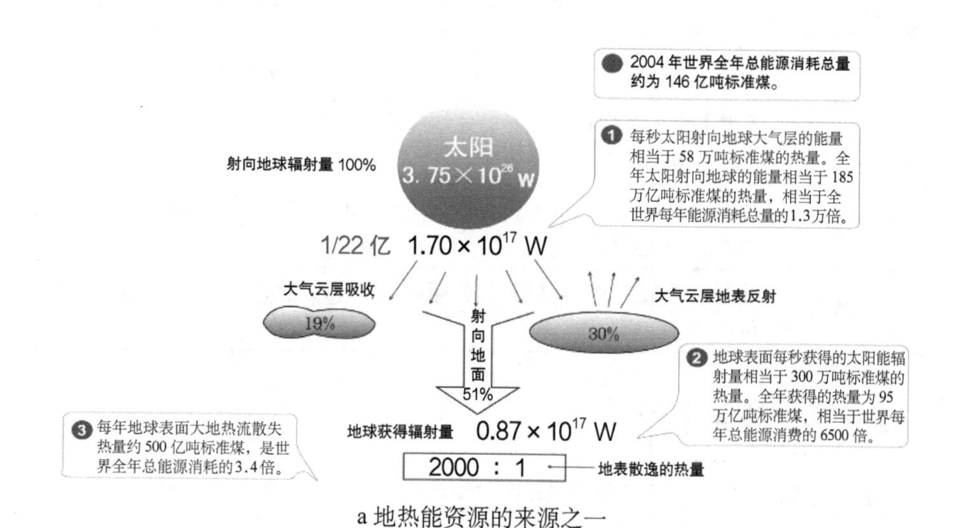

a 地热能资源的来源之一

地表散逸的热量 44×10^{12} W=1.4×10^{18} kJ（按全球平均大地热流 87 MW/m^2 计算）

全球地下 800 m 以内地下水量为 417×10^4 km^3

（是世界江河湖、水库、陆地咸水总量的 17.5 倍）

变温层

恒温层

< 25 ℃

0 m

20 m

100 m

400 m

800 m

5000 m

温度梯度 约 3 ℃ /100 m

增温层

全球深层地热资源

1.4×10^{23} kJ

❹ 全球深层地热（积累）相当于 5 亿亿吨标准煤的热量，是世界油气资源总量的 5 万倍。

放射性元素衰变地心热

b 地热能资源的来源之二

图 2　地热能的能量资源

根据开发利用目的，又可以将热水型地热能分为高温（150 ℃）及中低温（中温 90 ～ 150 ℃，低温 90 ℃）水资源（表 1）。

表 1　地热能的类型

按其属性分类	说明
水热型	地球浅处（地下 400 ～ 4500 m），所见到的热水或热蒸汽
地压地热能	在某些大型沉积（或含油气）盆地深处（3 ～ 6 kg）存在着的高温高压流体，其中含有大量甲烷气体
干热岩地热能	特殊地质条件造成高温但少水甚至无水的干热岩体，需用人工注水的办法才能将其热能取出
岩浆热能	储存在高温（700 ～ 1200 ℃）熔融岩浆体中的巨大热能，但如何开发利用仍处于探索阶段

2. 地热资源的分布

在一定地质条件下的“地热系统”和具有勘探开发价值的“地热田”都有其发生、发展和衰亡的过程，绝对不是只要往深处打钻，到处都能发现地热。地热资源和其他矿产资源一样，有数量和品位的问题。就全球来说，地热资源的分布是不平衡的。明显的地温梯度每公里深度大于 30 ℃的地热异常区，主要分布在板块生长、开裂—大洋扩张脊和板块碰撞，衰亡—消减带部位（表 2）。

（1）环球性的地热带

主要有以下 4 个。

①环太平洋地热带。它是世界最大的太平洋板块与美洲、欧亚、印度板块的碰撞边界，即从美国的阿拉斯加、加利福尼亚到墨西哥、智利，从新西兰、印度尼西亚、菲律宾到中国沿海和日本。世界许多著名的地热田，如美国的盖瑟斯、长谷、罗斯福；墨西哥的塞罗普列托；新西兰的怀拉开；中国台湾的马槽；日本的松川、大岳等均在这一带。

②地中海—喜马拉雅地热带。它是欧亚板块与非洲、印度板块的碰撞边界，从意大利直至中国的滇藏。世界第一座地热发电站意大利的拉德瑞罗地热田就位于这个地热带中。中国的西藏羊八井及云南腾冲地热田也在这个地热带中。

③大西洋中脊地热带。它是大西洋板块的开裂部位，包括冰岛和亚速尔群岛的一些地热田。

④红海—亚丁湾—东非大裂谷地热带。它包括肯尼亚、乌干达、刚果、埃塞俄比亚、吉布提等国家的地热田。

表 2　世界高温地热资源分布

国家	资源概况	热田名称	热储温度 /℃
意大利	有大量蒸汽区分布在托斯卡纳、亚平宁山脉西南侧及西西里岛等地	拉德瑞罗 蒙特阿米亚特	245 165
新西兰	沸点以上的高温蒸汽区密布于北岛陶波火山带	怀拉开 卡韦劳 怀奥塔普 布罗德兰兹	266 285 295 296
冰岛	约有1000多个热泉，30多个活火山，沸点以上的高温地热田 28 个，分布在冰岛西南及东北部	雷克雅未克 亨伊尔 雷克亚内斯 纳马菲雅尔马克拉弗拉	146 230 286 280
菲律宾	已知有 71 个地热田，与新生代安山岩大山中心有关	吕宋岛的蒂威和汤加纳	320
墨西哥	约有 300 多处地热显示区，含有大量沸点以上的高温蒸汽区，约有 9 个活火山，都集中分布在中央火山轴上	帕泰 塞罗普列托	150 388
日本	25 ℃以上的温泉约有 22 200 个，其中 90 个 90 ℃以上的高温蒸汽区，约有 50 个活火山	松川 大岳	250 206
中国	高温地热资源分布在西藏，云南西部和台湾地区	西藏羊八井 台湾土场—清水	329 226

（2）中国地热资源

通过对中国各地区地热资源的普查、勘探，结果表明，中国地热资源丰富，分布广泛。全国已发现地热点 3200 多处，打成的地热井 2000 多眼，其中具有高温地热发电潜力的有 255 处（表 3）。

中国地热资源主要分为 3 类。

①高温（>150 ℃）对流型地热资源，主要分布在滇藏及台湾地区，其中适用于发电的高温地热资源较少，主要分布在藏南、川西、滇西地区。

②中温（90 ~ 150 ℃）、低温（90 ℃）对流型地热资源，主要分布在东南沿海地区，包括广东、海南、广西，以及江西、湖南和浙江等地。

③中低温传导型地热资源，主要埋藏在华北、松辽、苏北、四川、鄂尔多斯等地的大中型沉积盆地之中。

表 3　中国地热资源分布 [①]

<table>
<tr><th colspan="2">资源类型</th><th colspan="2">分布地区</th></tr>
<tr><td colspan="2">浅层地热资源</td><td colspan="2">东北地区南部、华北地区、江淮流域、四川盆地和西北地区东部</td></tr>
<tr><td rowspan="3">水热型
地热资源</td><td rowspan="2">中低温</td><td>沉积盆地型</td><td>东部中、新生代平原盆地，包括华北平原、河—淮盆地、苏北平原、江汉平原、松辽盆地、四川盆地及环鄂尔多斯断陷盆地等地区</td></tr>
<tr><td>隆起山地型</td><td>藏南、川西和滇西、东南沿海、胶东半岛、辽东半岛、天山北麓等地区</td></tr>
<tr><td>高温</td><td colspan="2">藏南、滇西、川西等地区</td></tr>
<tr><td colspan="2">干热岩资源</td><td colspan="2">主要分布在西藏，其次为云南、广东、福建等东南沿海地区</td></tr>
</table>

3. 地热能利用

为解决当今世界面临的能源短缺和环境污染等巨大难题，世界各国都在不断探索开发各种替代能源。而开发和利用地热能这一绿色环保的可再生能源具有极其深远的战略意义，并日益受到越来越多国家的重视。

当今社会，能源日趋紧缺，人们的环保意识日渐增强，地热能作为一种新的清洁能源，已越来越受到人们的青睐。据估计，全世界地热资源总量相当于4948 万亿吨标准煤，按世界年耗 100 亿吨标准煤计算，可满足人类几万年能源之需要。如果把地球上贮存的全部煤炭燃烧时所放出的热量作为标准来计算，那么，石油的贮存量约为煤炭的 3%，目前可利用的核燃料的贮存量约为煤炭的 15%，而地热能的总贮存量则相当于煤炭总储量的 1.7 亿倍。

据不完全统计，中国已查明的地热资源相当于 2000 万亿吨标准煤。根据国土资源部在“十二五”期间的地质调查，中国地热资源年可开采量折合 26 亿吨标准煤，京津冀地区年可开采量折合 3.43 亿吨标准煤，可基本满足该地区供暖制冷需求。在地热利用规模上，中国近年来一直居世界首位，并以每年

① 资料来源：《中国地热能发展报告（2018）》。

近 10% 的速度稳步增长。

实际上，人类很早以前就开始利用地热能，如利用温泉沐浴、医疗，利用地下热水取暖、建造农作物温室及烘干谷物等。但真正认识地热资源并进行较大规模的开发利用却是始于 20 世纪中叶。目前，地热能在世界范围内应用相当广泛，120 多个国家和地区已经发现和开采的地热泉及地热井多达 7500 多处。

地热能的利用可分为地热发电和直接利用（表 4）。

表 4　不同温度的地热流体可能利用的范围

地热流体的温度	利用范围
200 ～ 400 ℃	直接发电及综合利用
150 ～ 200 ℃	双循环发电，制冷，工业干燥，工业热加工
100 ～ 150 ℃	双循环发电，供暖，制冷，工业干燥，脱水加工，回收盐类，罐头食品
50 ～ 100 ℃	供暖，温室，家庭用热水，工业干燥
20 ～ 50 ℃	沐浴，水产养殖，饲养牲畜，土壤加温，脱水加工

地热发电是地热利用最重要的方式。高温地热流体首先应用于发电。地热发电和火力发电的原理是一样的，都是利用蒸汽的热能在汽轮机中转变为机械能，然后带动发电机发电。地热发电的过程，就是把地下热能首先转变为机械能，然后再把机械能转变为电能的过程（图 3）。要利用地下热能，首先需要有“载热体”把地下的热能带到地面上来。目前，能够被地热电站利用的载热体主要是地下的天然蒸汽和热水。

国外比较重视地热的直接利用，地热已被广泛应用于工业加工、民用采暖和空调、洗浴、医疗、农业温室、农田灌溉、土壤加温、水产养殖、畜禽饲养等各个方面，产生了良好的经济技术效益，同时节约了能源（图 4）。中国地热能在不同领域的利用状况如图 5 所示。

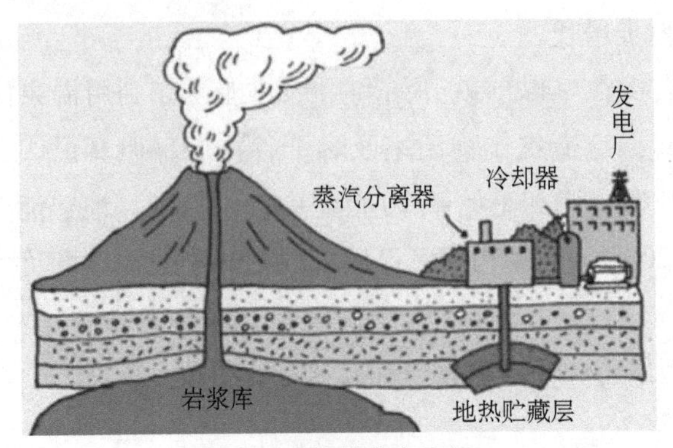

图 3　地热能发电原理

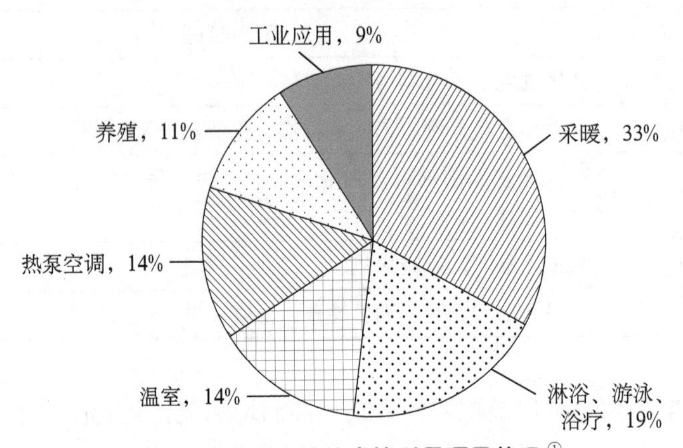

图 4　发达国家地热直接利用项目状况 [①]

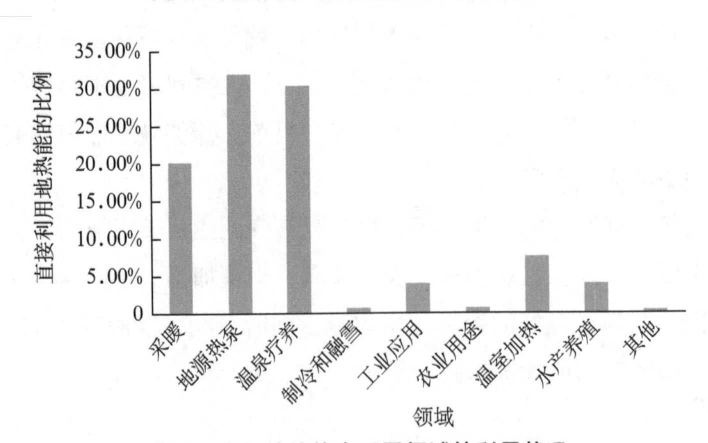

图 5　中国地热能在不同领域的利用状况

① 资料来源：编写组根据公开资料整理。

在工业上，地热能可用于加热、干燥、制冷、脱水加工、提取化学元素、海水淡化等方面；在农业上，地热能可用于温室育苗、栽培作物、养殖禽畜和鱼类等。例如，地处高纬度的冰岛不仅将地热用于温室种植蔬菜、水果和花卉，近年来又用于栽培咖啡、橡胶等热带经济作物。在浴用医疗方面，人们早就用地热矿泉水医治皮肤病和关节炎等，不少国家还设有专供沐浴医疗用的温泉。地热能利用的优缺点如表5所示。

表5　地热能利用的优缺点

优点	缺点
储量很丰富，约有相当于4948万亿吨标准煤的储量	建设初期成本高
再生能源	环境负荷大，所流出的热水含有很高的矿物质
单位成本比开采探测石化燃料或核能低	热效率低，共有30%的地热能用来推动涡轮发电机
运转成本低	一些有毒气体（如硫、硼）会随着热气喷入空气中，造成空气污染
能源供应稳定	钻井技术的制约
地热厂建造周期短且容易	地热水的腐蚀和结垢等

假若以目前全世界的能耗总量来对地热能进行估计，即便是全世界完全使用地热能，4100万年以后也只能使地球内部的温度至多下降1℃。可见，地热能的开发利用潜力是非常巨大的。著名地质学家李四光说过："开发地热能，就像人类发现煤、石油可以燃烧一样，开辟了利用能源的新纪元。"

4. 中国地热能开发利用重要政策

中国地热能资源丰富，近年来，随着中国地热能开发利用的快速发展，其相关政策措施也在不断推出并完善，有力地支持了相关产业的发展。

例如，在国家层次上，早在2002年12月，国土资源部就发布了《关于进一步加强地热、矿泉水资源管理的通知》。2004年，中国在《节能中长期专项规划》中明确提出要推广太阳能、空气源热泵、水源热泵、地源热泵、地热能等可再生能源在建筑物的利用。2005年2月，在《中华人民共和国可再生能源法》中，地热能的开发与利用被明确列入新能源所鼓励发展的范围。

其后，国家级、地区级及城市级的各类实施意见、管理办法、指导意见、规划等陆续出台，推动了中国地热能开发利用的发展（详见附录）。各地区地热能开发目标如表 6 所示。

表 6　中国各地区地热能开发目标[①]

地区	“十三五”新增			2020 年累计		
	浅层地热能供暖 / 制冷面积 / 万 m^2	水热型地热能供暖面积 / 万 m^2	发电装机容量 /MW	浅层地热能供暖 / 制冷面积 / 万 m^2	水热型地热能供暖面积 / 万 m^2	发电装机容量 / MW
北京	4000	2500		8000	3000	
天津	4000	2500	10	5000	4600	10
河北	7000	11 000	10	9800	13 600	10.4
山西	500	5500		1000	5700	
内蒙古	450	1850		950	1950	
山东	5000	5000	10	8000	6000	10
河南	5700	2500		8600	3100	
陕西	500	4500	10	1500	6000	10
甘肃	500	100		900	100	
宁夏	500			750		
青海		200	30		250	30
新疆	500	250	5	800	350	5
四川	3000		15	4000		15
重庆	3700			4400		
湖北	6200			7400		
湖南	4000			4200		
江西	3000			3600		
安徽	3000			4800	50	

① 国家发展改革委，国家能源局，国土资源部．地热能开发利用“十三五”规划 [A/OL].[2019–08–20]. http://www.ndrc.gov.cn/fzgggz/fzgh/ghwb/gjjgh/201706/w020170605632011127895.pdf.

续表

地区	"十三五"新增			2020 年累计		
	浅层地热能供暖 / 制冷面积 / 万 m^2	水热型地热能供暖面积 / 万 m^2	发电装机容量 /MW	浅层地热能供暖 / 制冷面积 / 万 m^2	水热型地热能供暖面积 / 万 m^2	发电装机容量 / MW
江苏	6000	200	20	8500	250	20
上海	2700			3700		
浙江	3000			5200		
辽宁	1000	1000		8000	1200	
吉林	1000	1000		1200	1500	
黑龙江	1000	1600		1300	2250	
广东	2000		10	2500		10.3
福建	400		10	500		10
海南	500		10	600		10
云南	100		10	250		10
贵州	2000	50		2800	60	
广西	1400			3600		
西藏	0	250	350		250	376.58
全国	72 650	40 000	500	111 850	50 210	527.28

2013 年 1 月，国家能源局、财政部、国土资源部、住房和城乡建设部联合发布了《关于促进地热能开发利用的指导意见》。

2017 年 1 月 23 日，由发展改革委、国家能源局、国土资源部共同编制的《地热能开发利用"十三五"规划》正式发布，明确要求到 2020 年，中国地热供暖（制冷）面积累计达到 16 亿平方米，地热发电装机容量约 530 兆瓦。2020 年，地热能年利用量 7000 万吨标准煤，地热能供暖年利用量 4000 万吨标准煤。京津冀地区地热能年利用量达到约 2000 万吨标准煤。

2017 年 12 月，发展改革委等十部委共同发布《北方地区冬季清洁取暖规划（2017—2021 年）》，对北方地热能供暖、生物质能供暖、太阳能供暖、天然气供暖、电供暖、工业余热供暖、清洁燃煤集中供暖、北方重点地区冬季清洁供暖“煤改气”气源保障总体方案做出了具体安排。同期，发展改革委等六部委联合印发《关于加快浅层地热能开发利用促进北方供暖地区燃煤减量替代的通知》，也明确提出因地制宜加快推进浅层地热能开发利用，将浅层地热能作为北方供暖的替代能源。

专栏 1　地热能利用之最 ①②

地热能最早用于发电的国家——意大利（1904 年）

地热能最早用于供热的国家——冰岛

地热能资源最丰富的国家——冰岛

地热发电量最大的国家——美国

地源热泵装机容量最大的国家——中国

地源热泵应用人均比例最强的国家——瑞士、挪威

地热直接利用的年利用量最多的国家——中国

地热利用规模最大的国家——中国

地热直接利用设备容量最大的国家——中国

世界上最大的地热田位于美国加州旧金山——盖瑟斯地热田（面积超过 140 平方千米，储集层蒸汽温度最高达 280 ℃）

世界上最大的地热供暖系统在冰岛的雷克雅未克

（二）浅层地热能

1. 浅层地热能的内涵及属性

浅层地热能是指地表以下一定深度范围内（一般为恒温带至 200 米埋深），温度低于 25 ℃的地球内部的热能资源，具有储量巨大、再生迅速、分布广泛、温度适中、稳定性好等优点，不存在永久消耗问题，是取之不尽、用之不竭的理想的“绿色能源宝库”。一般来说，浅层地热能所在区域与地下“恒温区”

① 资料来源：编写组根据公开资料整理。

② 1904 年，意大利在拉德瑞罗建立起世界上第一座小型地热蒸汽试验电站，1913 年正式投运（250 千瓦）。

大体相同，这个区域的温度随日夜季节变化很小，如北京地区约为 15 ℃。从能源的品位来看，它与室内温度（20 ℃）最接近，与热泵技术相结合，很适合作为冬季供暖的热源。在夏季，它的温度低于空气温度（30 ℃以上），又可作为冷源来使用，即它为我们提供的不是热量而是冷量。

从浅层地热能的成因角度来看，其具有独特的 3 种属性。

（1）太阳能属性

在地表以下 15 ～ 20 米内，由于受太阳辐射影响，其温度有着伴随时间的周期性变化，越接近地表，温度与环境气温越接近，称为“变温带”。因此，浅层地热能包含太阳能属性。

（2）地热能属性

在特定的地质构造及水文地质条件下，地球内热在地壳浅部富集和储存起来，形成了具有开发利用价值的地热能，浅层地热能便在此基础上形成。在达到一定深度时，太阳辐射和地球内热之间的影响达到一定的平衡状态，温度的年变化幅度接近于 0，称为“恒温带”。恒温带很薄，其厚度一般为 10 ～ 20 米，且与当地年平均气温接近。在恒温带以下，地热场则完全由地球内热所控制，地热随深度增加而增高，称为“增温带”。因此，浅层地热能包含地热能属性。

（3）蓄能属性

利用热泵技术向地下岩土层中提取或释放热量，在一定的地质条件和气候环境共同作用下，存在一定程度上的蓄冷或蓄热现象，可通过改变热泵系统运行状态将储蓄的冷、热量进行提取。但是随着时间的推移，可提取的能量逐渐减少，直至地热场恢复初始状态。恢复时间与不同地质构造及气象条件有关。因此，浅层地热能也具备蓄存能量的属性。

由此可见，浅层地热能赋存在地壳浅部空间的岩土体中，向下接受地球内热的不断供给，向上既接受太阳、大气循环蓄热的补给，又向大气中释放过剩的热量。因此，从宏观地质角度上讲，地球天然温度场分布、水圈、大气圈、太阳等对它都有影响，表现为地温的高低与板块构造的活动性、纬度、水循环、大气循环等密切相关，这些现象被称为“浅层地热能的呼吸”。

浅层地热能的本质就是存在于浅部地质体中（非地热田）的相对稳定的平均地温与冬、夏两季气温之差形成的热潜能。

2. 中国浅层地热能开发利用状况

中国是以中低温为主的地热资源大国，全国地热资源总量约占世界的7.9%，可采储量相当于4626.5亿吨标准煤。中国浅层地热能资源十分丰富，而且遍布全国各地。最新数据表明，中国336个地级以上城市浅层地热能年可开采资源量折合7亿吨标准煤，可实现建筑物夏季制冷面积326亿平方米，冬季供暖面积323亿平方米。每年浅层地热能可利用资源量为2.89×10^{12}千瓦·时，相当于3.56亿吨标准煤。扣除开发消耗电量，则每年可节能2.02×10^{12}千瓦·时，相当于标准煤2.48亿吨，减少二氧化碳排放6.52亿吨（表7）。

表7　中国浅层地热能开发利用状况

年份	建筑物应用面积/亿m^2	标准煤替代量/万t	占全国能源消费总量比	节约标准煤量/万t	二氧化碳减排量/万t	二氧化硫减排量/万t
2015年	3.92	1372	0.422%	735	1634	11.63
2020年（规划）	11.2	3915	0.816%	2097	4661	33.19

《中国地热能发展报告（2018）》的数据显示，中国浅层地热能利用快速发展。截至2017年年底，中国地源热泵装机容量达2万兆瓦，年利用浅层地热能折合1900万吨标准煤，实现供暖（制冷）建筑面积超过5亿平方米，京津冀开发利用规模最大。按往年发展速度测算，2018年浅层地热能供暖（制冷）建筑面积约为6亿平方米（图6）。

水热型地热能利用持续增长。近10年来，中国水热型地热能直接利用以年均10%的速度增长。据不完全统计，截至2017年年底，全国水热型地热能供暖建筑面积超过1.5亿平方米。与此同时，干热岩型地热能资源勘查开发处于起步阶段，地热能勘探开发利用装备较快发展。

虽然中国利用地源热泵技术开发浅层地热能与国外相比起步较晚，20世纪90年代才引入地源热泵技术，但发展很快，其范围之广、规模之大已远超国外。据初步统计，在全国范围内，除港澳台地区外，31个省（区、市）均有开发浅层地热能的地源热泵系统工程。目前，中国涉及浅层地热能利用的供热企业已有上百家，中国已成为浅层地热能的应用大国。

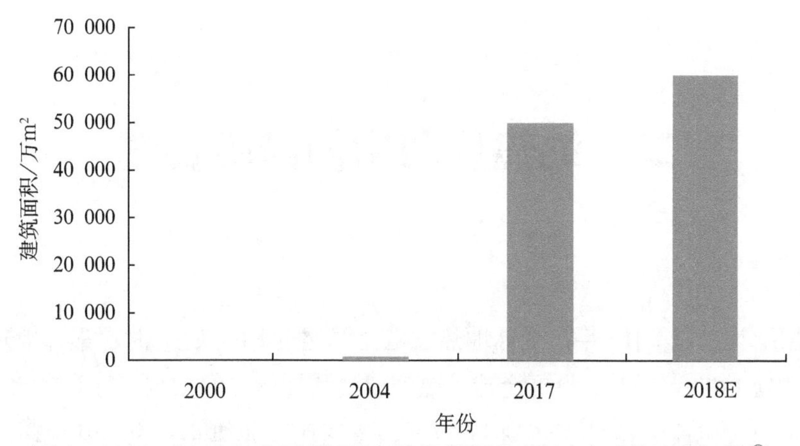

图 6　2000—2018 年中国利用浅层地热能供暖（制冷）建筑面积规模[①]

① 资料来源：前瞻产业研究院。

二、地热能利用的国际实践

据统计，仅 2017 年，全球地热发电量就超过 84 千瓦 · 时，累计地热发电能力达到 1400 万千瓦。根据全球地热产业温和性增长的预测，到 2023 年年底，全球地热发电能力预计将达到 17 吉瓦。肯尼亚、菲律宾、土耳其和印度尼西亚将带头增加全球地热产业的产能[①]。

据最新统计，截至 2019 年 7 月 29 日，全球地热发电容量约为 14 900 兆瓦，这是基于已安装并运行的地热发电设备得出的数据。其中，美国、印度尼西亚、菲律宾、土耳其、新西兰的地热装机容量已经超过 1 吉瓦（图 7）。

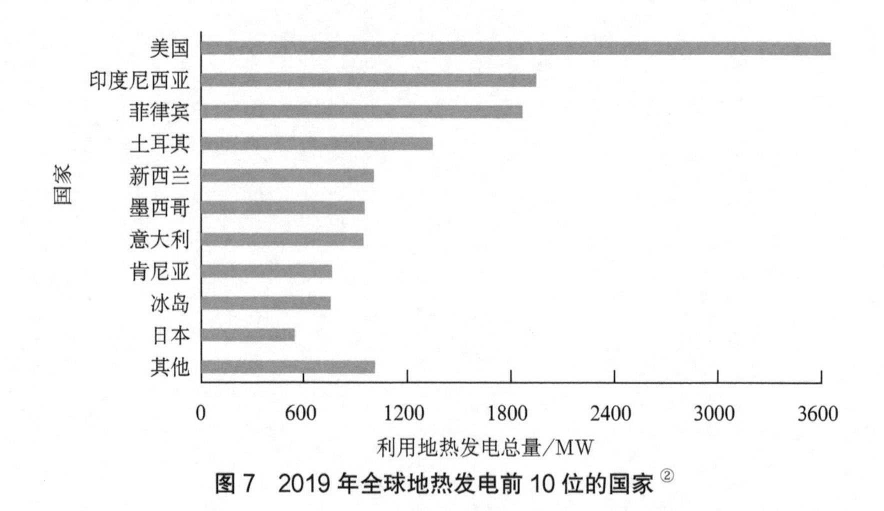

图 7　2019 年全球地热发电前 10 位的国家[②]

通过纵向对比来看，全球地热开发利用情况得到了长足的发展。根据 2015 年世界地热大会的统计数据，地源热泵的年利用量与 2010 年世界地热大

---

① Aruvian Research. Analyzing geothermal energy 2018[R]. U.S.：Aruvian Research，2019.

② 资料来源：ThinkGeoEnergy。

会的统计数据相比，增长了 1.62 倍，平均年增长率达到了 10.3%。地源热泵的设备容量为 49 898 MWt（兆瓦热量），也在 5 年间增长了 1.51 倍，平均年增长率为 8.65%。

从运用区域来看，根据 2015 年世界地热大会统计，世界各国地热资源利用量不断攀升，开展地热资源利用的国家已经达到 82 个。在地热发电方面，装机容量已达到 12 635 兆瓦，较 2010 年增加 16%，其中，5 个国家增幅超过 30%，分别是土耳其、德国、肯尼亚、尼加拉瓜和新西兰（图 8）；在地热直接利用方面，装机容量已达到 70 329 兆瓦，较 2010 年增长 45%，其中，36 个国家装机容量大于 100 兆瓦，中国、美国、瑞典、土耳其和德国居前 5 位。

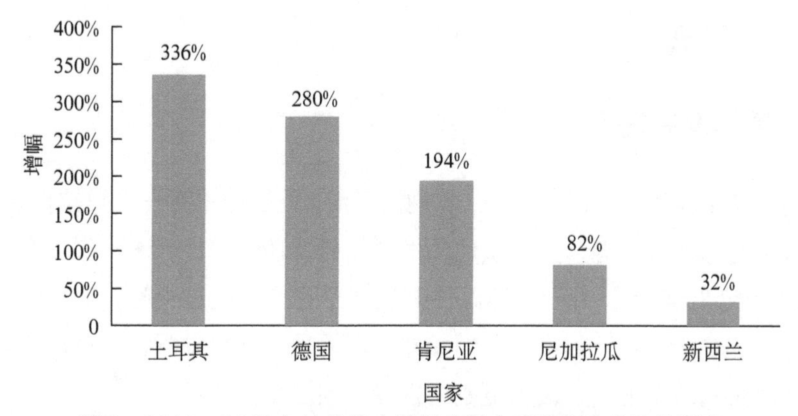

图 8　2010—2015 年地热发电装机容量全球增幅前 5 位的国家

目前，地热供暖主要有两大派系，一部分是利用深层地热资源供暖；另一部分是利用浅层地热能，通过地源热泵进行供暖。前者功能较为单一，且对于地区资源储备要求较高，主要用于冬季的供暖活动，而后者则兼顾冬季供暖和夏季制冷。

地热供暖的两大派系，分别有不同的代表性国家。冰岛为深层地热资源供暖的典型代表，这种模式对地理环境要求较高，需要丰富的中低温地热（≥ 25 ℃）储量。目前，中国雄安新区具有相似的地热资源优势，该地区的地下水具有埋藏浅、温度高、水质好、易回灌等特点。

而瑞士及美国则是浅层地热能供暖的代表性国家，从 20 世纪 70 年代起，瑞士和美国等国家政府就开始资助建立地源热泵试点。地源热泵技术主要利用低于 25 ℃且埋藏较浅的地温能，将低品位的热能陆地浅层能源通过输入少量的高品位能源（如电能）实现由低品位热能向高品位热能转移。该技术于 1912 年由瑞士首先提出，1946 年，美国俄勒冈州的波特兰市见证了第一座地源热泵系统的诞生。20 世纪五六十年代，商用的地源热泵系统开始在美国市场得到推广，地源热泵技术的节能和减排效果得到了普遍认可。

近年来，随着地源热泵技术的日益成熟，地热能资源开发利用在发达国家开始得到全面发展，下面以瑞士、冰岛及美国这 3 个国家为典型案例进行分析。

（一）瑞士

1. 整体发展情况

瑞士位于欧洲中部的莱茵河、罗纳河上游，处于地中海—喜马拉雅地热带，境内有丰富的地热资源。无论从地热供暖的研发还是推广来看，瑞士都极富特点。20 世纪 80 年代，瑞士的地源热泵生产年递增率超过 10%。瑞士地热协会的统计数据表明，瑞士约有 3 成的新建筑都采用了地热供暖，而在浅层地热能的地源热泵利用率方面，瑞士更是居世界各国之首。

瑞士是地源热泵创意的所有国。1912 年，瑞士人 Zoelly 在一份专利文献中，首次提出了地源热泵的概念。然而，地源热泵在瑞士长时间停留于概念的讨论，其商业应用一直未得到推进。从能源供热角度来看，20 世纪是以石油与煤炭为代表的化石能源称霸的世纪。地热能在资金上的巨大投入与技术上的风险性让投资者与各国政府望而却步。

到了 20 世纪 70 年代，世界第一次能源危机爆发。瑞士政府开始认真考虑替代供暖的能源。这时，前期一直因为勘探艰难、投入巨大而饱受轻视的地热资源登上历史舞台。该技术给社会带来的长期效益，以及本土的富饶资源，让政府与民众在发展地源热泵的问题上达成了共识。

1974 年，在瑞士政府的资金支持下，瑞士科研人员加强了地源热泵在应用环节的研发力度，地源热泵生产技术逐步完善（图 9）。同时，政府在巴塞尔、苏黎世等地建立示范项目，支持地源热泵的发展。在技术与政策的双重驱动下，瑞士的地源热泵开始增多，市场需求也逐渐增加，总装机容量呈直线上升趋势。多年的市场发展让企业家们也认识到，地缘热泵项目前期高投资的缺点可以被较短的资金回收周期所抵消。因此，业界也积极进入这一片蓝海市场，社会各界对地源热泵的追求有增无减。

图 9　用于地热能开采的诺维尔钻塔[①]（©Werner Leu，Geoform AG，2010）

全社会对地源热泵的追捧让瑞士成为世界上应用地源热泵人均比例最高的国家。到 1998 年，瑞士的地源热泵总数达到 20 万台以上，其中，土壤源热泵系统居于世界领先地位，占地源热泵安装市场的 70% 以上，是世界上土壤源热泵系统密度最大的国家。1999 年，瑞士的土壤源热泵在家用供暖设备中得到广泛应用，而地源热泵设备所占的比例甚至达到了 96%。21 世纪后，瑞士仍然保持着每年 6% 以上的地源热泵装机增长率（图 10）。

---

① 资料来源：https://www.swisstopo.admin.ch/en/knowledge-facts/geology/geo-resources/energy.html。

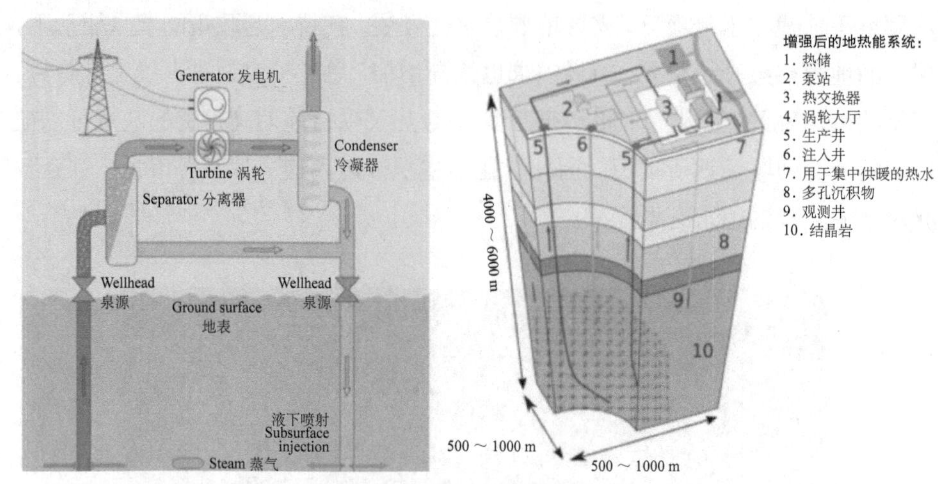

图 10　瑞士地热资源模式①

截至 2011 年，瑞士全国已有 5 万多个地热利用装置，采用高温地下水形式或蒸汽形式，每年发电量达到 295 亿千瓦 · 时。据统计，仅 2015 年，瑞士新装地源热泵就超过 9 万台，年增长 7%，增长台数相当于 2000 年前瑞士国内总台数的 40%。目前，瑞士的地源热泵供暖不但广泛用于新建房屋中，许多翻修的房屋也纷纷采用该技术。2010 年，瑞士新建筑中有 30% 采用地热供暖，使当时的瑞士成为拥有地热装置最多的国家，在地源热泵利用方面位居世界之首。目前，瑞士政府正在大力开发地热资源，并将地热开发与其他能源，如水力等可再生能源等进行综合利用，争取使地热发电提升到总供电量的 3% ～ 4%。

在法律法规方面，瑞士出台了“能源战略 2050”（Energy Strategy 2050），旨在进一步缩小化石能源与核能的使用，并通过 25 ～ 30 年的时间，将上述能源从瑞士的“能源篮”中清除出去（图 11）。2013 年，瑞士通过了落实该战略的能源法案，拓展了瑞士地热能支持项目的范围，并增加了预算。同时，政府通过了关于二氧化碳的相关法案，旨在支持鼓励建筑中直接使用地热能，从而减少碳排放。

① 资料来源：瑞士联邦测绘局（SWISSTOPO）官方网站。

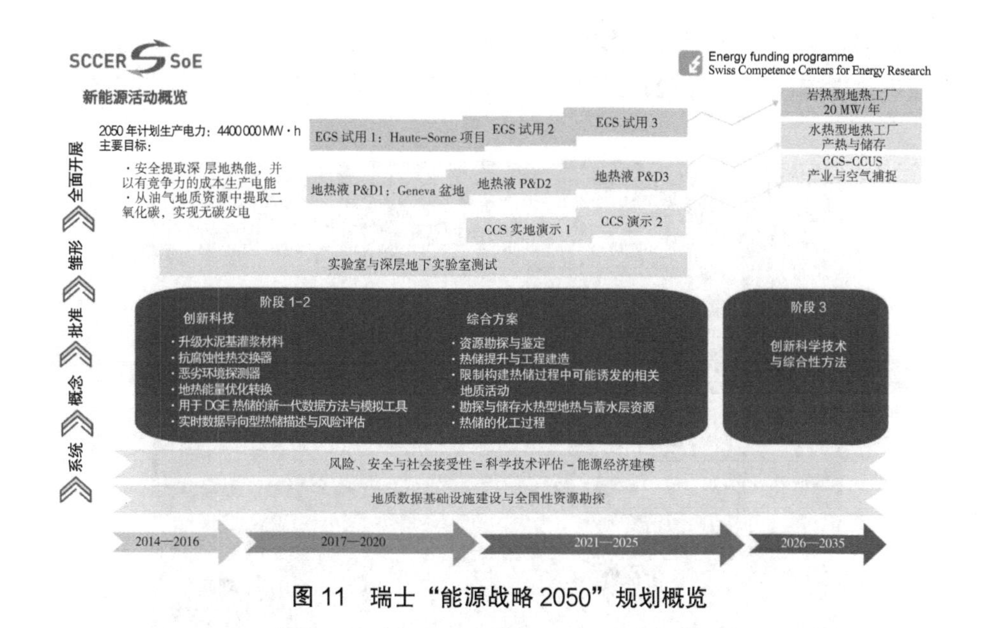

图 11　瑞士“能源战略 2050”规划概览

2. 城市案例分析——圣加仑市

瑞士在地热能的开发利用方面有着较长的历史，特别是在地热能供暖方面。2007 年，瑞士的圣加仑市议会通过并采纳了“能源理念 2050”计划，这是一项促进可再生能源开发利用的规划，这项计划中提到，到 2050 年，圣加仑市的地热供暖将普及到全市的居民住宅和办公楼。

圣加仑是瑞士东部最大的城市，位于斯泰纳查谷地，康斯坦次湖正南，是瑞士国内加快地热开发的代表城市之一。

位于圣加仑市的锡特托贝尔的地下 4000 米处贮藏有 150 ～ 170 ℃的高压热水资源。2010 年 11 月，经过当地居民选举，圣加仑市正式开始了利用地热发电站建设计划，并开始向当地的区域供热供暖部门提供热源。据当地能源部门测算，预计到 2050 年，该市的每个家庭和办公室都可以采用地热供暖。

所谓区域供热供暖，是指通过管道接通一处或多处设备，直接向多处建筑物供热供暖的方法。圣加仑市建设的这一地热发电站及其配套设备，可以满足该市半数建筑物（约 4.4 万栋建筑）的供热供暖。建设工程总预算为 1.59 亿瑞士法郎，其中 7600 万瑞士法郎用于地热发电站建设，8300 万瑞士法郎用于区域供热供暖事业（图 12）。

图 12　位于瑞士圣加仑的现场钻井平台[①]

圣加仑市此前的供暖来源主要依靠化石燃料，全年约 9 亿千瓦 · 时的供热需求大约要消耗 1200 万瑞士法郎的费用。圣加仑市环境能源局通过利用 130 ～ 170 ℃的地热资源，向市民提供 20 ～ 25 ℃的暖气，大大节约了费用。并且，地热可以全年全天候发电，也十分稳定。据统计，2019 年圣加仑市的地热能源比例提升到 50%。

3. 经验总结

瑞士地源热泵发展的成功经验主要有四大因素。

从环境角度来看，瑞士居民大多数居住在瑞士平原上，该地具有夏季日照时间长、冬季日照时间短的特点，地面温度长时间保持在 10 ～ 12 ℃。因此，其地表蕴藏有巨大的浅层地热能，可以做到“随地取热”。此外，地面温度的

① 资料来源：Webcam 项目网站（Webcam Project website）。

长期稳定也延长了地源热泵产品的寿命，能够更好地发挥其功效。同时，瑞士民居分散的特点也保证了地热能不会因过度开采而枯竭，而是可以做到随采随补。

从经济上看，地源热泵的开发虽然在初期需要较高的花费，但从长期角度来看，与石油、天然气和煤炭等不可再生能源相比，地源热泵具有省能、高效与环保的特点，这种特质决定了一旦技术成熟，地源热泵的推广就水到渠成。此外，瑞士作为一个化石能源匮乏的国家，能源危机的警示及日益复杂的国际局势让其无法依靠进口能源来解决居民的供暖问题。而本土储备丰厚、开采技术成熟的地热能则是其拒绝能源依赖的可靠能源。从设施布置角度来看，瑞士居民具有居住分散的特点。这种去中心化的散居方式也极大地减少了地源热泵能源系统建立时的高成本。瑞士的法律法规也通过收碳税、给予省电补贴的方式鼓励居民使用清洁能源供暖，更是让当地居民做到了地源热泵“用着省”。

从技术上看，自 20 世纪 70 年代以来，瑞士一直支持地源热泵技术的研发与应用。不同部门各有分工，有支持基础研究的瑞士国家科学基金会（Swiss National Science Foundation），支持应用研究的瑞士联邦能源办公室（Swiss Federal Office of Energy）及支持商业推广研究的技术与创新委员会（Commission for Technology and Innovation）。包括苏黎世联邦理工学院、日内瓦大学和洛桑联邦理工学院在内的瑞士高等学府也设有地热相关的研究专项、研究员或教授岗位，为专业人士的教育提供平台。

从政策上看，瑞士联邦能源办公室（SFOE）于 2016 年 1 月正式启动 GeoTherm 项目，此项目致力于更便捷地提供与地热能有关项目的数据和资料。目标群体是联邦和州一级的项目规划人员和行政机构。主要目标为：

①开发一个与深层地热能有关的国家数据库；

②根据国家数据库的数据，结合各类地图进行展示，并可供各类绘图及下载使用；

③为民众持续提供和下载免费的非机密数据。

该项目的推进满足了各类地热能工作人员、学习人员及普通民众对于专业材料的需求。通过此项目的推行，瑞士地热能信息系统的工作成果和发展前景得到了更有效的展示。

（二）冰岛

1. 整体发展情况

冰岛位于高纬度的欧洲北部，处于北美和亚欧板块的边界地带，两大板块的交界线从西南向东北斜穿全岛，是世界上地壳运动最活跃的地区之一。这里自古冰川与火山并存，地震与地热孪生，被誉为“研究地质变迁的天然博物馆”。活跃的地壳运动、复杂的地形地貌造就了冰岛丰富的地热资源。按照地热资源的分布，冰岛全境共有 250 个低温地区和 20 多个高温地区。

特殊的地质构造和活跃的地壳活动为冰岛带来了丰富的地热资源。全岛深达千米、水温低于 150 ℃的低温地热区就有 250 余个，水温高于 200 ℃的高温地热区有 26 个，天然温泉有 800 余处，仅冰岛首都雷克雅未克（冰岛语意为“冒烟的港湾”）就有地热井 50 余眼（图 13）。

图 13　冰岛境内由于地热现象形成的间歇泉

得天独厚的地热资源起初并未被冰岛政府充分利用。20 世纪四五十年代以来，冰岛的经济增长主要靠以煤炭与石油为代表的化石能源维持，对化石能源的依赖给冰岛的社会发展带来了环境与经济的双重挑战。20 世纪 70 年代后期，全球遭遇了第一次石油危机，这使得 80% 的能源来自石油和煤炭的冰岛遭遇了不小的打击。而化石能源带来的空气污染也一度让冰岛政府头疼不已。冰岛政府不得不在供热与发电领域寻找更为环保的替代能源。此外，随着学界对地热的探索与研究越发深入，冰岛地热资源的优势也渐渐显露，地热能源的发展与应用成为冰岛的不二选择（图 14）。

图 14　冰岛胡沙维克附近的 Hveravellir 地区利用地热进行蔬菜大棚供暖[①]

在供电领域，冰岛起初选择利用本国丰富的水资源进行发电，其成本也少于煤炭发电，20 世纪 50 年代开始，冰岛水电行业实现了爆发式增长，水力发电推动了冰岛的经济社会发展。20 世纪 90 年代，随着铝冶炼产业的快速发展，冰岛用电量激增。这时，由于水电发电量不稳定与地热发电技术的发展，冰岛开始关注利用热能发电领域。1990—2004 年，冰岛的地热发电产出增加了 1700%。冰岛能源部门的数据显示，2019 年，冰岛地热能发电已占总发电量的 30%，仅次于占 70% 的水力发电。据预测，到 2060 年，冰岛新增地热发电量将达到 3000 亿千瓦 · 时 / 年，冰岛可再生能源累计贡献二氧化碳减排量将高达 15 亿吨。

在供热领域，冰岛虽较早就开始利用地热，但因技术等各方面原因，在

① Hveravellir 地区是冰岛最大的蔬菜农场之一，每年生产 500 吨西红柿、黄瓜和辣椒。天然的热水通过管道输送到温室里，一年四季为蔬菜供暖。

20 世纪 60 年代以前一直未能进行大面积推广。早期，冰岛人主要利用地热资源进行洗澡和洗涤。就供热而言，冰岛居民早期普遍采用木材和家畜粪便。19 世纪中期，烹饪火炉、草皮和海草被广泛用来室内供暖。19 世纪末期，进口煤成为城市供暖能源，而农村地区则仍采用畜粪。而截至 2018 年年底，冰岛有 85% 的房屋用地热供暖，占地热直接利用总量的 77%。根据冰岛国家能源局（NEA）在其 2014 年度会议上公布的数据显示，与用石油供暖的房屋相比，冰岛每年通过地热供暖节省了大约 10 亿美元。1914—2012 年的累计节省金额达到 210 亿美元。

在节能减排方面，根据冰岛国家能源局于 2014 年发布的一项关于地热能在二氧化碳减排中的作用的研究报告显示，通过评估 1914—2014 年冰岛使用地热替代石油所节省的二氧化碳，累计减排了 1.4 亿吨。仅 2014 年，冰岛通过利用地热而是石油，每年节省了约 750 万吨二氧化碳，其中 57% 用于电力生产，43% 用于供暖。相比之下，2018 年人为排放的二氧化碳总量为 350 万吨。因此，如果冰岛不利用地热而是石油，所排放的二氧化碳总量将达 1200 万吨[①]。

2. 城市案例分析——雷克雅未克

雷克雅未克是冰岛的首都，也是全国最大的城市和最大的港口，位于冰岛西部法赫萨湾东南角、塞尔蒂亚纳半岛北侧，地理上非常接近北极圈，是全世界最北的首都，西面、北面临海，东面和南面被高山环绕，拥有许多温泉和喷气孔（图 15）。

早在 20 世纪初，雷克雅未克市政府就开始有计划地使用地热资源为城市供暖。1928 年，冰岛在首都雷克雅未克建成了世界上第一个地热供热系统，但在 20 世纪 60 年代前，燃烧化石能源供热仍是冰岛人的主要取暖方式。到了 1970 年，雷克雅未克几乎所有的住宅都用上了廉价的取暖和洗浴热水。据统计，1950 年，20% 的冰岛家庭使用石油供暖，40% 仍然采用煤供暖，用地热供暖的家庭仅占 25%。在遭遇石油危机与燃煤带来的环保问题的双重打击下，冰岛

---

① 资料来源：冰岛国家能源局网站。

图 15　冰岛雷克雅未克市一览

在 20 世纪 60 年代开始大规模推广地热供热模式。

1967 年，冰岛建立国家能源局，勘探国家的地热资源，资助地热供暖项目的研发与应用。2003 年，国家能源局又筹备组建了冰岛地质调查局国家学会，专门进行地热勘探与供暖技术的开发。同时，冰岛成立了能源基金，给予从事地热供暖的公司巨大的金融支持，以雷克雅未克能源公司（Orkuveita Reykjavíkur）为代表的能源公司迅速崛起，整合并主导了地区的供热市场。雷克雅未克市地区有 50 多眼地热井，主要都是由该能源公司运营的。该公司经营着世界上最大的地热供暖系统，而其最主要的发电厂，就是地处亨吉尔山区的奈斯亚威里尔地热电站（图 16）。

奈斯亚威里尔地热电站是雷克雅未克能源公司在奈斯亚威里尔附近的高温地热区建立的一座集发电和热水生产功能于一身的地热电站。该站能生产大约 120 兆瓦的电力，并提供每秒约 1800 升的热水给雷克雅未克地区。

20 世纪 90 年代，雷克雅未克实现了 100% 的地热供暖，成为世界第一个无烟城。目前，冰岛的地热供暖比例已超过 90%，全面覆盖了居民、商业、工业、农业和渔业。从技术水平上看，冰岛不但通过地热资源为居民的提供室内供暖，更是在冬季实现了对路面进行全天候的融雪及加热功能，大大降低了当地居民冬季出行的麻烦。

据冰岛能源部门统计，雷克雅未克的地热供暖系统成本只有石油采暖成本

图 16　奈斯亚威里尔地热电站

的 35%，电气采暖成本的 70%。地热供暖每年可减少进口石油的费用大约 100 万美元。截至 2018 年年底，雷克雅未克的取暖价格是北欧国家中最低的，是丹麦价格的 1/4，略低于芬兰家庭取暖价格的一半。

3. 经验总结

冰岛的地热利用，有 3 点经验值得总结：

一是其“一热多用”，对地热能“吃干抹净”的高利用效率；

二是其完善的制度保障，确保地热资源有序开采；

三是其持之以恒对于地热开发的支持。

首先，尽管冰岛特殊的地理环境为其带来了丰富的可直接利用的地热资源，但其并未滥用资源禀赋，随意浪费，而是摸索出一套科学高效的使用方法，实现了“一热多用”：从地热井中抽出的高温热水和蒸汽，经分离后，蒸汽带动涡轮机发电，形成第一使用阶梯；同时，高温热水将引入的低温地表水（多为湖水）加热至 80 ℃左右后输入市区，供民居和游泳池采暖，以及融雪之用，形成第二使用阶梯；冷却后的地热水含有大量对人体有益的矿物质，引入温泉疗养区用于洗浴保健，形成第三使用阶梯；此后的地热水温度依然较高，经处理后通常用于绿色温室或鱼苗养殖场供暖，从而形成第四使用阶梯。此外，地热也用作工业热源，为硅藻土生产、木材、造纸、制革、纺织、酿酒、制糖等的生产提供热量（图 17）。

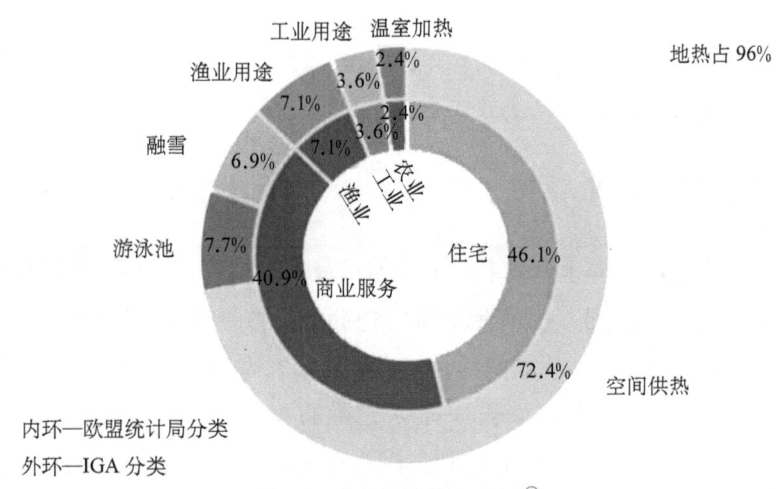

图 17　冰岛热能用途分析[①]

其次，地热虽为可再生的绿色能源，但在勘探与开采时仍可能产生破坏环境的不利因素。同时，其可再生性仍有限度。因此，冰岛通过完善法律制度，规范了地热开发的市场秩序，最大限度地减小了地热供暖的环境破坏。冰岛当局通过了《地下资源研究和使用法》《自然保护法》《环境影响评估法》《能源法》等多部法律，对地热资源勘探、开发及利用等各个环节做出明确规定。例如，国家能源局在地热区安装数据监测系统，密切监测每眼热力井的水温、流量和水位下降情况，防止过度开采；超过一定能量的开采项目需出具环境评估报告。国家能源局还与多家大型地热公司联手对地热区排放物、热污染及地面沉降等进行研究，以确保地热开发不对环境造成损害，并实现地热资源的可持续发展。

最后，冰岛对于地热开发在资金与技术上坚定的支持是其成功的重要因素。地热供暖与发电的能源勘探、研发与推广需要极高的资金与技术门槛，而冰岛国家能源局与其管理的能源基金则数十年如一日地支持这项事业，最终等来了冰岛地热的腾飞。目前，冰岛致力于开发“超临界”地热资源，该技术将为地

① 资料来源：Gueni A. Jóhannesson，“Renewable Energy Systems on a Geothermal Platform”。

热发电的效率带来质的飞跃。目前，冰岛在“超临界”地热资源的勘探上排名世界第一，冰岛深钻项目（IDDP）所掌握的技术，目前已达到4500米深度，是世界其他地热井的2倍。

（三）美国

1. 整体发展情况

美国作为目前世界上开发利用地热能量最多的国家，地热发电增长迅速，地热资源多且利用充分。美国地热资源协会统计数据表明，2019年美国利用地热发电的装机容量近4000兆瓦，相当于4个大型核电站的发电量。美国现有60万套地源热泵系统在运转，占世界总数的46%。

虽然并非地源热泵技术的发源地，但无论从技术先进程度及市场规模来看，美国都稳居世界头把交椅。自20世纪40年代首先研制出地源热泵系统后，20世纪50年代，水源热泵就已经在美国成为商用产品。20世纪60年代初，为了满足建筑物不同区域的不同空间用途，出现了能用于建筑物不同区域的分开式热泵系统，主要形式为各建筑使用独立的热泵但共用同一个双管水环，它们通过水环路与中央水泵站和地热源连接起来。这种系统一开始主要出现在西海岸的加州地区，因此被称为“加州热泵”。因其可推广性强，迅速在全美推广开来。到今天为止，它仍然在被使用，并被称为“水环热泵系统”。这种系统主要应用于商业办公大楼和公共大楼。

20世纪70年代末80年代初，美国的地源热泵系统在技术工艺上取得了长足发展。经过改进，水源热泵扩大了进水温度范围，这也使得闭式环路地热交换器能够取代以前的热交换系统，该技术应用至今。在美国，绝大多数地源热泵都是在地下埋设连续的高密度聚乙烯管道的闭环土壤源系统，分为水平和垂直两种安装方式，它可以被有效地应用于任何地方。技术上的成熟为地源热泵在美国的广泛应用创造了客观条件。这一时期，美国政府并未广泛介入地源热泵行业。行业的主要参与者为实业家，包括承包商和生产者，他们建立了专业公司，但规模与影响力都很小（图18）。

图 18　美国拉夫特河地热发电厂[①]

在技术与研究方面，美国能源部地热技术办公室作为美国地热研发相关联邦投入的主要管理者，致力于与工业界、学术界和美国能源部国家实验室合作开展研究、开发和示范工作，建立创新型且具成本竞争力的技术和装备，促进美国地热产业的发展。根据中国自然资源部中国地质调查局公布的数据显示，该办公室近年获得的联邦预算逐年增加，从 2014 财年的约 4500 万美元增长至 2017 财年的近 1 亿美元（图 19）。

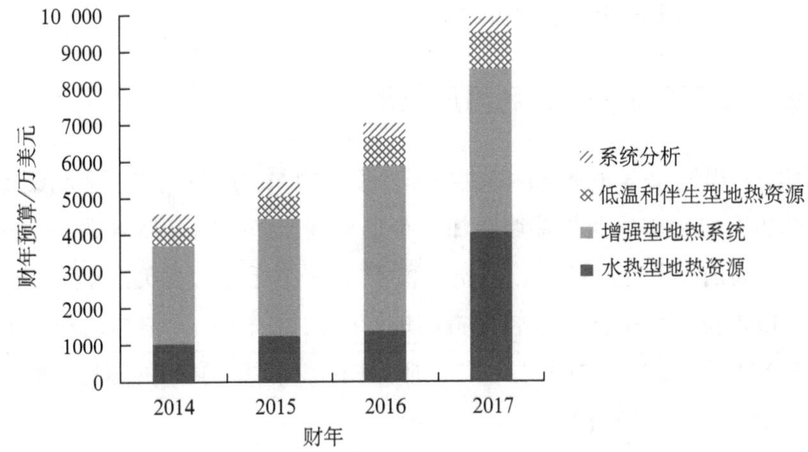

图 19　美国能源部地热技术办公室重点关注领域的联邦财年预算变化[②]

① 资料来源：Ormat 网站。
② 资料来源：自然资源部中国地质调查局地学文献中心。

美国在地热能勘查开发领域的联邦投入，不仅加快推进了传统水热型地热资源的有利区优选和高效、规模化利用，同时，还聚焦增强型地热系统在实验室规模和场地规模的科学理论研究和技术装备研发示范。通过提高地热资源勘查开发的经济和技术可行性，来吸引私营企业的投入，为满足美国的能源需求提供丰富且可再生的能源来源。

就美国地热利用成本来看，根据国际地热协会估计，2001 年，地热发电成本为每千瓦 · 时 0.02 ～ 0.10 美元，未来的潜在成本将缩减至每千瓦 · 时 0.01 ～ 0.08 美元，同时，还预测投资成本将在每千瓦 800 美元左右。相比之下，风力发电的成本为每千瓦 · 时 0.05 ～ 0.13 美元，潜在成本为每千瓦 · 时 0.03 ～ 0.10 美元，投资成本为每千瓦 · 时 1100 ～ 1700 美元。根据美国国家可再生能源实验室 2006 年发布的一份报告估计，到 2015 年，美国可开发的地热发电装机容量将达到 2600 万千瓦，到 2025 年将超过 10 000 万千瓦[①]。

而根据美国能源局于 2019 年 5 月发布的一项详细阐述了美国如何从地热能的巨大潜力中获益的分析报告，预计到 2050 年，美国全境地热发电的装机容量将从目前的 6000 吉瓦增加逾 26 倍，同时，还将为美国住宅和商业消费者提供更为多元的供暖和制冷解决方案。在非电力领域，技术改进可使全美 17 500 多个地热区使用供暖装置，2800 万个美国家庭可通过使用地热泵实现具有成本效益的供暖和制冷解决方案。

2. 城市案例分析——加利福尼亚州

美国加利福尼亚州（加州）与太平洋、俄勒冈州、内华达州、亚利桑那州和墨西哥的下加利福尼亚州接壤。加利福尼亚拥有多样的自然景观，包括壮丽的峡谷、高山和干燥的沙漠。加州面积 41 万平方千米，是美国第三大州。大多数大城市位于太平洋沿岸较凉爽的地带，包括旧金山、洛杉矶和圣地亚哥。中央谷地是农业区。内华达山位于加州中部和东部，其中的惠特尼峰海拔 4418 米，是美国本土最高点。

根据美国地热能协会 2012 年 4 月公布的报告显示，从 2010 年 1 月到

① 资料来源：Renewable Energy World 网站。

2012 年 3 月，美国共计开发了 5 处地热发电，发电量达 9 万千瓦。从区域上看，全美共有 9 个州进行着地热发电，按照发电量的降序，依次为加利福尼亚、内华达、夏威夷、阿拉斯加、犹他、怀俄明、爱达荷、俄勒冈、密西西比，其中，加利福尼亚占 82%，内华达占 15%。通过对现有公共数据进行分析，美国大约有 1748 眼地热井，其中大部分在加利福尼亚。位于加州境内的棕榈泉在帝王谷（Imperial Valley）以北，是西半球乃至全世界地热发电最具生产力和前景的地区之一。加州对于热能的主要勘探工作集中在 3 个地区：

①盖瑟斯地区，该地热区面积为 325 平方千米；

②盐海—帝国峡谷区，是加利福尼亚海湾在地形上向大陆的延续部分，峡谷向东南延伸到墨西哥境内；

③加利福尼亚的东部及东北部地区。

其中，盖瑟斯地区的现代钻井始于 1955 年，1971 年 8 月勘探出了世界上最深的蒸汽井，深达 2752 米，每小时生产蒸汽 19 万磅，能量大约相当于 1 万千瓦，热储的温度为 236 ～ 285℃，较深的井的闭井压力为每平方厘米 31.5 ～ 33.5 千克。热储的性状和从较深的井孔中积放的蒸汽情况 16 年来保持不变。但由于过度开发，之后只能通过将生活污水的处理水注入地下等措施，进行“回灌”，以缓和衰减率。

加州对于地热的利用主要集中在供电领域。根据加州能源委员会 2005 年发布的一项关于加州和内华达西可开发地热资源的研究称，加州可利用的地热资源发电容量至少有 3700 兆瓦，最多可达约 4700 兆瓦。在加州的地热田可增容至少约 2000 兆瓦，最多可达 3000 兆瓦。而根据美国地热能源协会最新进行的行业估算得出，加州已知地热资源达到了 3465 兆瓦。

美国是世界上最大的地热发电国，全球地热总装机容量约为 14 900 兆瓦，加州约为 2500 兆瓦，是美国装机容量的 2/3，约为排名第二的土耳其装机容量的 2 倍，土耳其装机容量为 1300 兆瓦。

根据加州公共事业委员会（CPUC）2019 年的一项决议，加州地热发电的目标是在 2030 年向电网提供 2900 兆瓦的净电力。考虑到该州目前的地热发电指标，这相当于该行业在未来 10 年需要安装约 2500 兆瓦的新铭牌装机容量。这对美国和世界其他地区来说都是一个振奋人心的消息，因为加州地热能源市场的发展凸显了地热在应对气候变化和向可再生能源转型方面的关键作用。除了直接减少温室气体排放外，地热能还支持间歇性电源的发展，这些间歇性电源的基本负荷是可再生的，在电力经济转型时期，地热能为电网提供了独特的可靠性和灵活性。

3. 经验总结

不论是地热资源量还是开发量，美国都是全球最大的地热大国，其在对于地热资源的高效利用和民众普及方面值得借鉴。

首先在政策层面，美国能源部（DOE）和美国环保署（EPA）对地热投入了大量资源，一方面支持地源热泵技术的发展；另一方面进行地源热泵供暖的宣介推广，以加深美国民众对该技术的认识，并在国家层面推行了一系列政策规划。

① 1994 年，以美国能源部、环保署及国际地源热泵协会（IGSHPA）为代表的一批公共部门共同启动了国家能源综合规划项目。该项目致力于推动地源热泵市场和技术的发展，并提出了到 2000 年需达到的短期目标。项目还提出将市场作为美国地源热泵行业主要驱动力的愿景，不依赖公共服务的税收抵免和政府激励、补贴，以实现地源热泵市场的可持续发展。

② 1998 年，美国环保署颁布法规，要求在全国联邦政府机构的建筑中推广地源热泵系统。

③ 20 世纪 90 年代，美国开展了名为地源热泵技术特别计划的项目，成立了联邦能源管理项目办公室（Federal Energy Management Program Office），该机构为美国能源部能源效率与可再生能源办公室的下属部门。与其他技术性部门不同，该办公室综合性强，工作内容范围广。联邦能源管理项目与国家能源综合规划项目不一样的地方在于，旨在通过提升能源使用效率与节约用水，减少美国联邦机构建筑物中的非可再生能源的使用，提升与改善联邦政府自身的公用设施管理。

美国政府通过税收减免、低息贷款、制定严苛的环境标准等多种方式，鼓励地源热泵的安装应用。而各州政府也与联邦步调一致，大力发展地源热泵。到 2009 年，已有 34 个州出台了相关的支持政策。

其次在技术层面，技术的成熟与公共部门的持久推广，共同促进了近20年美国地源热泵产业的快速增长。2000年，美国地源热泵装机量超过45万台，2009年，全美新增11.5万台地源热泵。美国地热能源协会2012年发布的年度报告指出，美国能源局为加强对增强型地热系统（EGS）技术（通过流体注入和岩石刺激从工程储层中提取热量的过程）的科技支持，投资了600万美元，而通过运营这项技术而形成的项目中产生了相当于5兆瓦的地热蒸汽，并投入了商业化生产。迄今，仅在美国已经有超过百万台的地源热泵装机量。目前，美国仍然为地源热泵最先进的技术所在地与最大的市场。据预测，对低噪声、环保与高效供热/冷装置日益增长的需求将继续推动美国地源热泵市场的发展，到2024年，全美地源热泵市场规模将超过20亿美元。

三、供暖能源利用现状

中国的大部分国土位于北温带，受地理位置与季风影响，冬天具有“南温北寒”的特点。鉴于能源紧缺、节约成本的考虑，中国大致以“秦岭—淮河”为南北分界线，建立了北方地区供暖体系［包括北京、天津、河北、山西、内蒙古、辽宁、吉林、黑龙江、山东、陕西、甘肃、宁夏、新疆、青海等14个省（区、市）及河南省部分地区］。

根据《北方地区冬季清洁取暖规划（2017—2021年）》，截至2016年，中国北方地区城乡建筑取暖总面积约206亿平方米。其中，城镇建筑取暖面积约141亿平方米，农村建筑取暖面积约65亿平方米。城镇地区供热平均综合能耗约为19千克标准煤/平方米，农村约为27千克标准煤/平方米。

长期以来，由于成本低等，北方地区冬季取暖以燃煤为主。截至2016年年底，中国北方地区城乡建筑燃煤取暖面积约占83%，取暖用煤年消耗约4亿吨标准煤，其中散烧煤（含低效小锅炉用煤）约2亿吨标准煤。

煤炭燃烧是二氧化硫与二氧化碳的重要排放源，是雾霾形成的重要原因之一。煤炭燃烧时除产生大量颗粒物（包括一次PM2.5）外，还会形成二氧化硫、氮氧化物、烃类等有害气体，这些气态污染物在大气中又会发生一系列化学反应生成二次PM2.5等，对环境危害很大。尤其在北方农村地区，冬季取暖时采用燃煤散烧的方式，而且散烧煤大部分使用的是灰分及硫分含量高的便宜煤，往往缺乏脱硫、脱硝等措施，污染更加严重。同样一吨煤，散烧煤的大气污染物排放量是燃煤电厂的10倍以上。据《中国散煤综合治理调研报告2017》统计，2015年京津冀地区的民用散煤数量巨大，一年散煤消费量超过4000万吨，占区域煤炭使用总量的10%，且90%以上的散煤用于生活采暖。

近年来，由于燃煤采暖造成北方地区雾霾天气频发，供暖季又被人们戏称为“雾霾季”，已严重影响了人民的日常生活和身体健康。因此，大力发展北方地区清洁取暖，推动中国供暖能源转型升级，对于缓解北方地区环境污染问题及推进品质城市和美丽乡村建设意义重大。

（一）国内外能源利用现状

纵观人类社会的发展历程，能源的使用对社会的运行与进步起着重要的推动作用。诚然，历史上每一次能源变革，无不意味着人类社会的进步与生产力的巨大解放。木头是人类最先利用到的能源，从远古人们学会生活，一直到第一次世界大战以前人类几乎都是靠着木材来索取热能。近200年来，燃烧效率更高的煤炭和石油等为主的化石能源支撑着世界经济的发展与社会的进步。

石油被称为“工业的血液”，其在世界能源消费中所占的份额最大，为交通运输乃至整个经济系统的运行提供了燃料。煤炭则被称为“工业的粮食”，是石油时代之前的工业社会基础，相较于石油，其成本更低，广泛应用于电力、建材、化工和冶金等行业中。

然而，以石油与煤炭为代表的化石燃料的两大特性使其无法代表未来能源发展的趋势。首先，化石燃料是由死去的有机物和植物在地下分解而形成的，是不可再生资源。根据2018年《BP世界能源统计年鉴》，2017年石油的探明储量约为1.6966万亿桶，按照2017年原油产量（9265万桶/天）计算，全球原油只够开采18 312天，约为50.2年。其次，化石能源的碳属性决定了其燃烧时会产生温室气体，加重气候变暖的现象。此外，煤在燃烧时还会产生以二氧化硫为代表的有害气体，产生雾霾等恶劣天气现象，对环境与人体健康造成极大的危害。

因此，关于未来主要能源的发展，国际社会已达成能源可再生化与低碳化的共识。基于该原则，学界在能源的选择与能源的使用方面分别进行了探讨。

能源的选择决定了未来的发展是否符合可持续发展的路径选择，因此，在选择主要能源时，应遵循以下原则。

①优先考虑资源储量大的能源。

②优先考虑开发安全、稳定的能源。

③优先考虑开采难度低、性价比高的能源。

④优先考虑环境影响小的能源。

⑤优先考虑储备、运输及使用方便的能源。

从可选择的能源来看，目前较受欢迎的天然气因其不可再生的劣势首先出局；风能、太阳能在使用时都需要传统能源作为备用或贮存；生物质能对农村及郊区的有农作物的地区有重要意义，但不适宜在城市地区大面积推广；其他如潮汐发电等也存在投资过高、需要政府补贴才能运营等问题。因此，在现有清洁能源技术群中，唯有地热能技术的普及和推广在国内外得到了共识，对于解决中国城市及乡村的清洁供热问题也有较好的成效。

地热能，尤其是浅层地热能在供热制冷方面的优势已被认可，但该技术可能会造成其从地下岩土体中的取 / 排热量的不平衡，尤其是北方严寒和南方湿热地区，供热制冷系统周期性运行将会造成岩土体温度出现下降或者上升的现象，长期运行将导致系统效率降低，节能性降低。除此之外，地源热泵较常规空调还存在初投资较高、占地面积较大等问题[①]。

因此，未来能源的使用需要做到 4 个结合，即深浅结合，用好深层地热能与浅层地热能；天地结合，用好包括太阳辐射、热量、水分、空气、风能等在内的气候资源；调蓄结合，多源复合系统方式综合应用，以浅层地热能为主，深层地热能作为补充，其他能源（燃气、油）做调峰，加上蓄能系统，既降低初投资，又保障了系统的稳定运行；表里结合，以浅层地热能为“里”，地表水为“表”，形成表里结合的复合热泵系统，地表水既容易获取，又免去回灌问题，使用起来十分方便，其适用地区更加广阔，系统运行稳定性也更好。

就能源的使用而言，目前中国的能源消耗高、能源使用效率低下、环境压力大。世界能源平均利用效率为 50.32%，其中，中国为 36.81%，印度为 39%，美国为 51%，日本为 56%，丹麦为 72%。为应对全球气候变化，中国政府承诺：到 2020 年单位国内生产总值二氧化碳排放要比 2005 年下降 40% ～ 45%，其中，节能提高能效贡献率要达到 85% 以上。学者们建议采用区域能源的方法，以达到提升能源效率的目的[②]。

2009 年国际能源署发布报告称，中国消费了 32.2 亿吨标准煤，而美国消

① 李宁波，李翔．浅层地温能开发的多能并举模式 [J]．中国地能，2017（19）：34–40.

② 许文发．中国发展区域能源的意义与展望 [J]．中国地能，2016（11/12）：32–35.

费了31.1亿吨标准煤，中国成为全世界第一大能源消费国。2012年中国一次能源消费量36.2亿吨标准煤，消耗全世界20%的能源（消费了全世界煤炭的一半），单位GDP能耗是世界平均水平的2.5倍、美国的3.3倍、日本的7倍，同时高于巴西、墨西哥等发展中国家。中国每消耗1吨标准煤的能源仅创造14 000元的GDP，而全球平均水平是消耗1吨标准煤创造25 000元GDP，美国的水平是31 000元GDP，日本是50 000元GDP。

目前，中国人均建筑运行能耗是美国的1/7，是OECD（经济合作与发展组织）国家的1/4。假设2020年中国城镇人口达到10亿人，人均建筑能耗达到OECD国家的水平，仅建筑能耗一项就需要接近40亿吨标准煤，几乎用掉全国所有可获得的能源。

建筑能耗以采暖和空调能耗为主，占建筑总能耗的50%～70%，应用可再生能源成为控制建筑能耗增长的突破口，通过地源热泵提取浅层地热能应用于暖通空调可以大幅减少能源消耗和污染物的排放。美国每年安装约4万套地源热泵系统，意味着能降低温室气体（如CO_2等）排放100万吨，相当于减少50万辆汽车的污染物排放或种植404 686公顷树的效果，年节约能源费用可达42亿美元。因此，浅层地热能的开发利用对改善传统能源结构、促进完成节能减排目标具有重要意义。

基于中国目前能源使用的问题，一些学者指出了发展区域能源的解决方案[①]。区域供暖、区域供冷、区域供电及解决区域能源需求的能源系统和它们的综合集成统称为区域能源。这种区域可以是行政划分的城市和城区，也可以是一个居住小区或一个建筑群，还可以是特指的开发区、园区等。能源供应系统可以是锅炉房供热系统、冷水机组系统、热电厂系统、冷热电联供系统、热泵供能系统等，还可以是燃煤系统、燃油系统、燃气系统、可再生能源系统（太阳能热水、地下水地源热泵、地表水地源热泵、污水源热泵、地埋管地源热泵、光伏发电、风力发电）、生物质能系统等。

① 许文发，白首跃，赵慧鹏．新型城镇化形势下的区域能源产业[J]．中国地能，2015（9）：42–47．

专栏2　常用区域建筑能源供应主要方式

·集中供电，全分散供冷供热；

·区域供热，分散空调（按房间）；

·区域供热，集中空调（按建筑）；

·区域供冷供热；

·区域供冷，集中供热（热源来自市政热网）；

·区域供冷供热供电；

·半分散区域供冷供热（集中供应热源，分散使用水源热泵），又称"能源总线"方式；

·分布式能源、楼宇热电冷联供，通过"微网"技术实现区域互联，又称"能源互联网"方式。

区域能源规划的原则是：层次化、以人为本、减量化和市场化。区域能源具有以下优势：能够控制能源消费增加过快，降低能耗；实现多种能源科学、合理、综合、集成应用；在需求侧—应用侧实现品位对应、温度对口、梯级利用、多能互补；可以使各种能源适得其所，发挥其特长，可降低总能耗，降低单位产品的能耗，降低单位 GDP 的能耗。同时，区域能源能够提升能源利用效率，各种余热、废热及浅层地热能等的低品位热的数量是人类社会消耗有效能源的许多倍，但是目前利用率很低，浪费很大。

在区域能源中，需要量最多的还是低品位能源，特别是建筑用能方面。而通过区域能源的科学合理使用，可以实现能源的对应、对口、梯级、综合利用，把一次能源多级梯次利用，把各种能源综合、集成利用，把能源"吃干、榨尽"，用最少的能源，完成更多的工作。

此外，区域能源的使用也为人类摆脱化石能源提供了契机。能够大力发展可再生能源少用或不用一次化石能源，少烧或不烧可燃物质获得能源，是节能减排追求的目标。可再生能源的利用提供了这种可能：太阳能可直接转化为电能或热能；风能可转化为热能；地热能可转化为电能或热能等。但是可再生能源转化的能源，多是低品位、不连续、不稳定的。人类利用可再生能源时都要考虑辅助措施或辅助能源。区域能源为可再生能源在区域中的利用提供了这种可能和保证。

（二）中国常用的供热热源和清洁供热热源

清华大学建筑节能研究中心的数据显示，在中国常用的集中能源供应系统中，燃煤锅炉提供的商业热力所覆盖的建筑面积占总供暖面积的33%，热电联产（多数燃料为煤炭）占到51%，燃气锅炉占12%，其余为其他来源（图20）。过度取暖和管网损失约占热力生产总量的20%，其中，管网损失约占热力生产总量的3%～5%。因此，要改善这种状况面临诸多挑战，首先是目前对化石燃料的依赖。

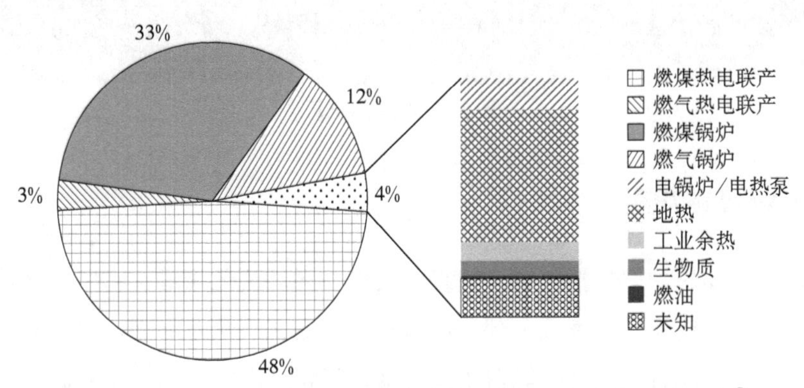

图20　中国北方地区集中供暖各类热源覆盖面积占比（2016年）[①]

根据供暖燃料的不同，中国常用的供热热源主要分为以下几类。

1. 燃煤热电厂

燃煤热电厂（图21）是目前供暖的主力热源，由于其运行成本低，排放可达标，凡热网可覆盖的地方都会首先使用。存在的问题是厂址宜建在离城市敏感区稍远的地点，但远距离输送会带来热量损失，需要妥善解决。

① 资料来源：清华大学建筑节能研究中心。

图 21　燃煤热电厂

2. 燃煤锅炉房

目前的锅炉炉型包括链条、往复、层燃、循环流化床等。在中小城镇有较多的应用，主要建在城乡接合部，由市政部门的供热企业管理，燃料成本略低于燃煤热电厂。目前使用的燃料包括原煤、煤粉、型煤、水煤浆等。

燃煤锅炉房需采取环保措施方可达到排放标准。目前，这种供暖热源的主要问题在于需要满足当地环保排放标准，否则，就面临被淘汰的境遇，这就需要对锅炉房进行清洁燃烧改造。

3. 燃气热电厂

燃气热电厂（图 22）一般采用蒸汽—燃气联合循环方式，由于其采用高烟囱排放，环保措施齐全（含脱氮），燃气热电厂的排放较容易达标。

这类热源的燃气供给需要与燃气供应企业签订合同，需考虑冬夏季用气量的平衡问题，一般只在省会级以上城市建设。

图 22　燃气热电厂

4. 燃气锅炉房

燃气锅炉房容量可调，越分散布置越好，一般用于大中城市的环境敏感区，在采用脱硝措施后，排放可以达标。

存在的问题是，在气温超低的年份，可能导致供暖气源供不应求。燃气是优质能源，应阶梯利用，只用于供暖，属于优质低用；燃气宜用于调峰热源的燃料，可以起到 5 倍的能效价值。

5. 燃气分布式冷热电供能站

燃气分布式冷热电供能站分为区域型和楼宇型两类。由于经济承受力问题，燃气分布式冷热电供能站大多在中国东部发达地区（珠三角、长三角、京津冀）建设。此类项目是中国目前政策支持的供能项目，是能源行业发展的重点。

现存问题包括：电力并网问题，是否可以自供电，对外售电；冷热电负荷匹配问题，需要具备较稳定的冷热负荷，季节负荷基本平衡；经济性问题，应有合理的气价、合理的上网电价等。

6. 其他供暖热源

其他供暖热源形式包括电供暖、空气源热泵、水源热泵、地源热泵等清洁供热热源。这类热源无燃料燃烧问题，不会在使用当地产生污染物，但在应用中需要综合考虑许多因素，如与电网部门的电价合同、水源资源状况、初期投资成本、运行成本、政府补贴等。这类供暖热源宜作为其他主流供暖热源的辅助，适用于农村、平房等供暖负荷低密度区。

以上 6 种供暖热源形式可共存，互为补充、互不排斥，但应注意限制性条件。在选择供暖方式时，应按照“集中为主，分散为辅”“宜气则气，宜电则电”的基本原则。

专栏 3　供暖方式选择的具体原则

· 凡是在热电联产供热管网覆盖的地区，优先使用热电联产供暖热源；

· 不在热电厂供暖范围，具有一定供暖建筑规模，且环境不敏感区域，以使用清洁燃烧的燃煤锅炉为佳；

· 在冷热电负荷集中区域，适宜建设燃气分布式冷热电供能站；

· 在环境敏感地区（如北京五环内），在来源可靠、有政府补贴条件下，可采用燃气作供暖燃料；

· 农村、平房等供暖负荷低密度区，适于用电供暖、空气源热泵、水源热泵、地源热泵等辅助性供暖方式；

· 以燃气作燃料的供暖热源适宜用作调峰热源。

四、清洁供暖模式分析

清洁供暖是指利用天然气、电、地热能、生物质能、太阳能、工业余热、清洁化燃煤（超低排放）、核能等清洁化能源，通过高效用能系统实现低排放、低能耗的取暖方式，包含以降低污染物排放和能源消耗为目标的供暖全过程，涉及清洁热源、高效输配管网（热网）、节能建筑（热用户）等环节。

当前，中国的清洁供暖模式主要有天然气供暖、清洁燃煤供暖、电供暖和可再生能源供暖 4 种（表 8）。

表 8　中国的清洁供暖模式分析

供暖模式	描述	优势
天然气供暖	以天然气为燃料，使用脱氮改造后的燃气锅炉等集中式供暖设施进行供暖	燃烧效率较高、基本不排放烟尘和二氧化硫
清洁燃煤供暖	对燃煤热电联产设备、燃煤锅炉房实施超低排放改造后（即在基准氧含量 6% 条件下，烟尘、二氧化硫、氮氧化物排放浓度分别不高于 10 mg/m^3、35 mg/m^3、50 mg/m^3），通过热网系统向用户供暖	与利用散煤供暖相比，燃烧效率高、污染排放少
电供暖	利用电力，使用电锅炉等集中式供暖设施或发热电缆、电热膜、蓄热电暖器等分散式电供暖设施，以及各类电驱动热泵向用户供暖	布置和运行方式灵活，有利于提高电能占终端能源消费的比重
可再生能源供暖	利用地热能、生物质能、太阳能、工业余热等进行供暖	清洁、可再生、生态环境效益显著

目前，天然气供暖和清洁燃煤集中供暖是中国北方地区清洁供暖主要方式，占总供暖面积的 28%。电供暖和可再生能源供暖的占比很小，分别占总供

暖面积的 2% 和 4%（图 23）。

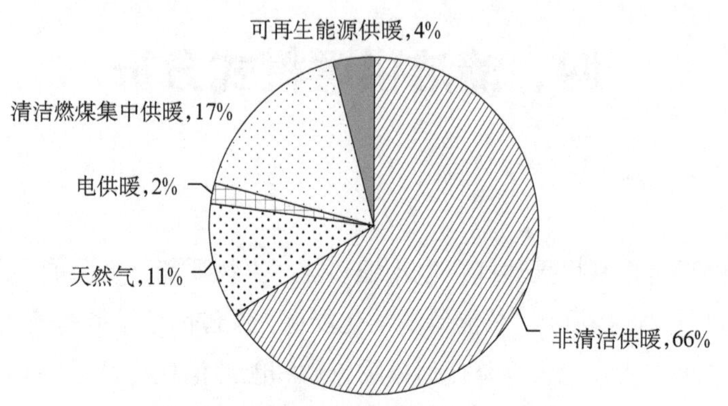

图 23　中国北方地区供暖热源比例[①]

（一）天然气供暖

天然气供暖是以天然气为燃料，使用脱氮改造后的燃气锅炉等集中式供暖设施，或壁挂炉等分散式供暖设施，向用户供暖的方式，包括燃气热电联产、燃气锅炉、天然气分户式壁挂炉（图 24）、天然气分布式能源系统（图 25）等，具有燃烧效率较高、基本不排放烟尘和二氧化硫的优势。

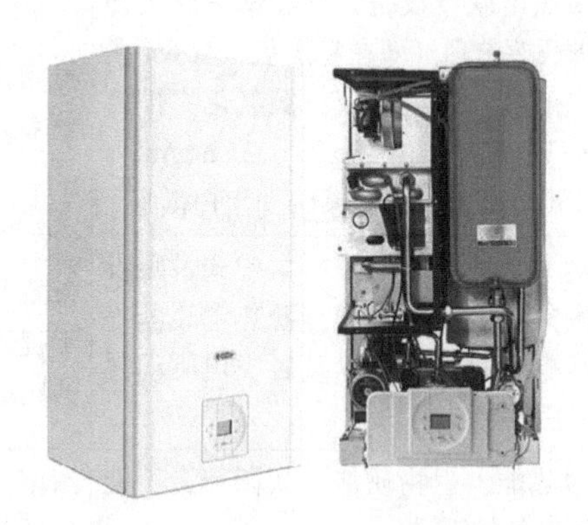

图 24　天然气分户式壁挂炉

① 资料来源：《北方地区冬季清洁取暖规划（2017—2021 年）》。

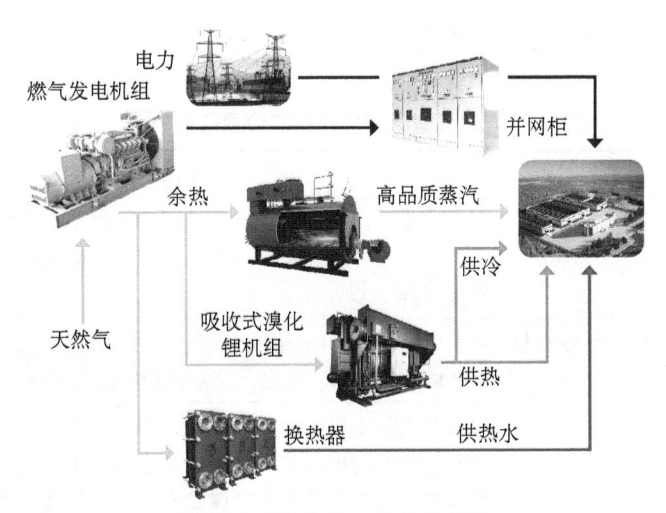

图 25　天然气分布式能源系统

目前，天然气分布式能源系统能够使用的燃气机组分为微燃机、内燃机、小型燃气轮机 3 种，单机功率不超过 10 兆瓦（表 9）。

表 9　天然气分布式能源系统所使用的燃气机组类型

原动机类型	余热利用形式	能源产出种类	目标用户
微燃机	微燃机 + 换热器	电 + 热	负荷需求相对较小或机房场地有限的楼宇型用户
	微燃机 + 热水型溴化锂机组	电 + 冷	
内燃机	内燃机 + 溴化锂机组	电 + 空调冷 / 热	有较大且稳定电力、空调冷 / 热、生活热水需求的楼宇型用户及区域型用户
	内燃机 + 换热器	电 + 热	
	内燃机 + 溴化锂机组 + 换热器	电 + 冷 + 热	
小型燃气轮机	燃气轮机 + 余热锅炉	电 + 蒸汽	有较大用热（蒸汽）需求的工业用户或工业园区
	燃气轮机 + 余热锅炉 + 溴化锂机组	电 + 蒸汽 + 冷	大型游艺园区或工业园区

天然气供暖的适用条件如表10所示。

表10 天然气供暖的适用条件

供暖设施	适用条件
燃气热电联产机组	在气源充足、经济承受能力较强的条件下，可作为大中型城市集中供热的新建基础热源，应安装脱硝设施降低氮氧化物排放浓度
热电冷“三联供”分布式机组	结合电负荷及冷、热负荷需求，适用于政府机关、医院、宾馆、综合商业及办公、机场、交通枢纽等公用建筑
燃气锅炉（房）	适合作为集中供热的调峰热源，与热电联产机组联合运行，鼓励有条件的地区将环保难以达到超低排放的燃煤调峰锅炉改为燃气调峰锅炉。热网覆盖不到、供热面积有限的区域，在气源充足、经济承受能力较强的条件下也可作为基础热源。应重点降低燃气锅炉氮氧化物排放浓度
分户式燃气壁挂炉	适合热网覆盖不到区域的分散供热，作为集中供热的有效补充，也适用于独栋别墅或城中村、城郊村等居民用户分散的区域

（二）电供暖

电供暖是利用电力，使用电锅炉等集中式供暖设施或发热电缆、电热膜、蓄热式电暖器等分散式电供暖设施，以及各类电驱动热泵，向用户供暖的方式，布置和运行方式灵活，有利于提高电能占终端能源消费的比重。蓄热式电锅炉还可以配合电网调峰，促进可再生能源消纳。

电供暖的适用条件如表11所示。

表11 电供暖的适用条件

供暖设施	适用条件
分散式电供暖设备	适合非连续性供暖的学校、部队、办公楼等场所，也适用于集中供热管网、燃气管网无法覆盖的老旧城区、城乡接合部、农村或生态要求较高区域的居民住宅
电锅炉	应配套蓄热设施，适合可再生能源消纳压力较大，弃风、弃光问题严重，电网调峰需求较大的地区，可用于单体建筑或小型区域供热

续表

供暖设施	适用条件
空气源热泵	对冬季室外最低气温有一定要求（一般高于 −5 ℃），适宜作为集中供热的补充，承担单体建筑或小型区域供热（冷），也可用于分户取暖
水源热泵	适用于水量、水温、水质等条件适宜的区域。优先利用城镇污水资源，发展污水源热泵，对于海水或者湖水资源丰富地区根据水温等情况适当发展。对于有冷热需求的建筑可兼顾夏季制冷。适宜作为集中供热的补充，承担单体建筑或小型区域供热（冷）
地源热泵	适宜于地质条件良好、冬季供暖与夏季制冷基本平衡、易于埋管的建筑或区域，承担单体建筑或小型区域供热（冷）

（三）清洁燃煤集中供暖

清洁燃煤集中供暖是对燃煤热电联产、燃煤锅炉房实施超低排放改造后(即在基准氧含量6%条件下，烟尘、二氧化硫、氮氧化物排放浓度分别不高于10、35、50毫克/立方米），通过热网系统向用户供暖的方式，包括达到超低排放的燃煤热电联产和大型燃煤锅炉供暖，环保排放要求高，成本优势大，对城镇民生采暖、清洁取暖、减少大气污染物排放起主力作用（图26）。

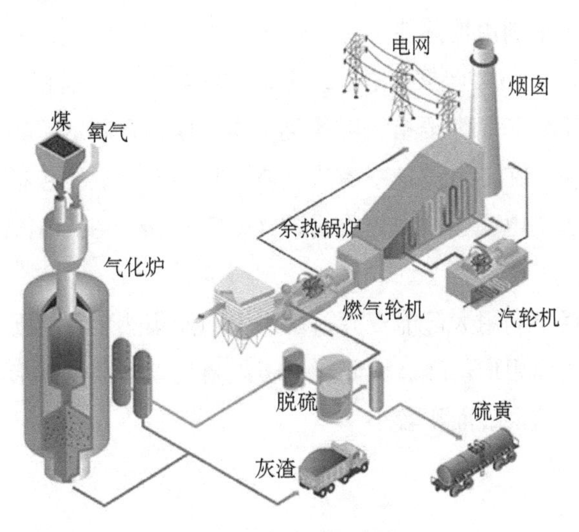

图26　清洁燃煤供暖

清洁燃煤集中供暖的适用条件如表 12 所示。

表 12 清洁燃煤集中供暖的适用条件

供暖设施	适用条件
大型抽凝式热电联产机组	适合作为大中型城市集中供热基础热源，充分利用存量机组的供热能力，扩大供热范围，做好热电机组灵活性改造工作，提升电网调峰能力
背压式热电联产机组	适合作为城镇集中供热基础热源，新建热电联产应优先考虑背压式热电联产机组
大型燃煤锅炉（房）	适合作为集中供热的调峰热源，与热电联产机组联合运行。在热网覆盖不到、供热面积有限的区域（如小型县城、中心镇、工矿区等）也可作为基础热源。重点提升燃煤锅炉环保水平，逐步淘汰环保水平落后、能耗高的层燃型锅炉

（四）可再生能源供暖

可再生能源供暖主要包括地热能供暖、生物质能供暖、太阳能供暖、工业余热供暖，在中国已经实现可再生能源供暖的面积约为 8 亿平方米。可再生能源占到 2015 年欧盟集中供暖所用能源的 28%，但在中国的占比只有 1%。

地热能供暖是利用地热能资源，使用换热系统提取地热能资源中的热量向用户供暖。截至 2016 年年底，中国北方地区地热能供暖面积约为 5 亿平方米。

生物质能（图 27）供暖指利用各类生物质原料及其加工转化形成的固体、气体、液体燃料，在专用设备中清洁燃烧供暖的方式主要包括达到相应环保排放要求的生物质热电联产、生物质锅炉（图 28）等。在中国其供暖面积约为 2 亿平方米。

太阳能供暖是利用太阳能资源，使用太阳能集热装置，配合其他稳定性好的清洁供暖方式向用户供暖。太阳能供暖主要是以辅助供暖形式，配合其他供暖方式使用，目前供暖面积较小。

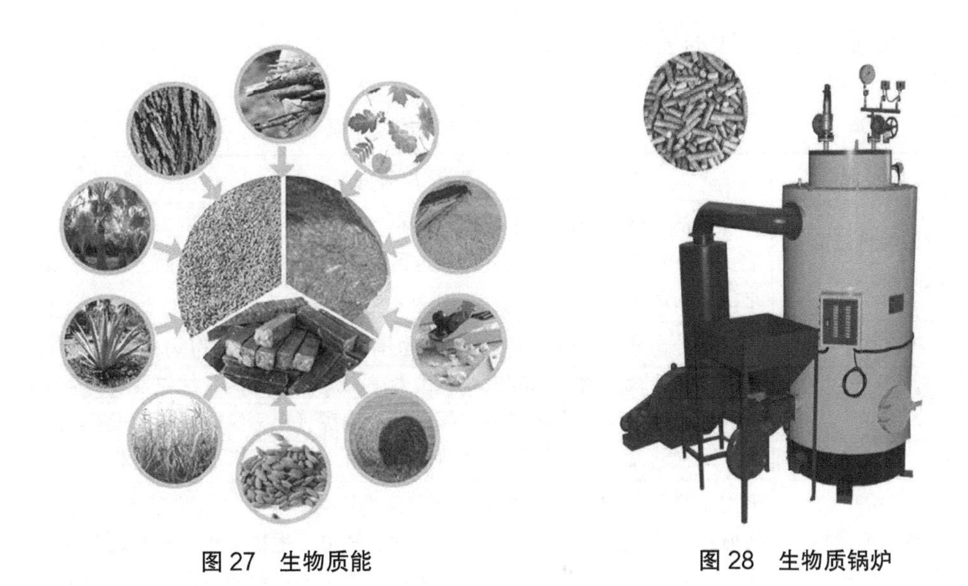

图 27　生物质能　　　　图 28　生物质锅炉

工业余热供暖是回收工业企业生产过程中产生的余热，经余热利用装置换热提质向用户供暖的方式（图 29）。截至 2016 年年底，中国北方地区工业余热供暖面积约为 1 亿平方米。

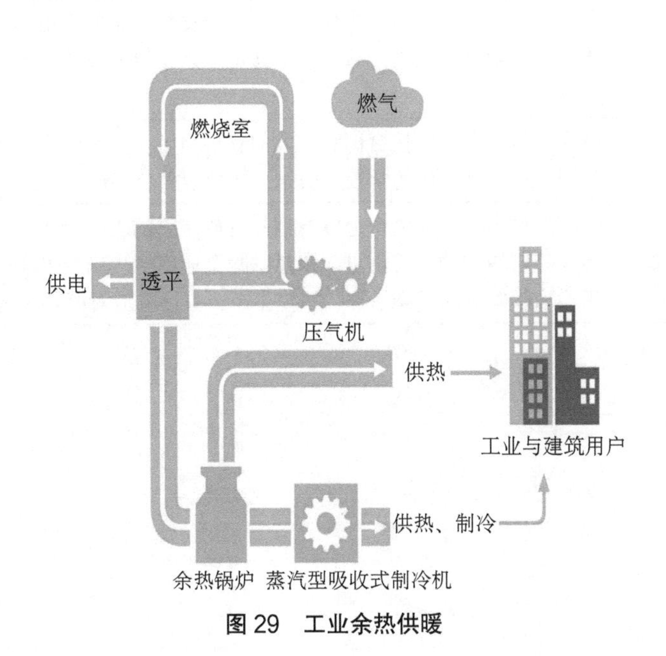

图 29　工业余热供暖

可再生能源供暖的适用条件如表13所示。

表13 各类清洁能源供暖的适用条件

供暖能源	适用条件
中深层地热能供暖	具有清洁、环保、利用系数高等特点，主要适用于地热资源条件良好、地质条件便于回灌的地区，代表地区为京津冀、山西、陕西、山东、黑龙江、河南等
浅层地热能供暖	适用于分布式或分散供暖，可利用范围广，具有较大的市场和节能潜力。在京、津、冀、鲁、豫的主要城市及中心城镇等地区，优先发展再生水源（含污水、工业废水等），积极发展地源（土壤源），适度发展地表水源（含河流、湖泊等），鼓励采用供暖、制冷、热水联供技术
生物质能区域供暖	采用生物质热电联产和大型生物质集中供热锅炉，为500万 m^2 以下的县城、大型工商业和公共设施等供暖。其中，生物质热电联产适合为县级区域供暖，大型生物质集中供热锅炉适合为产业园区提供供热供暖一体化服务
生物质能分散式供暖	采用中小型生物质锅炉等，为居民社区、楼宇、学校等供暖。采用生物天然气及生物质气化技术建设村级生物燃气供应站及小型管网，为农村提供取暖燃气
太阳能供暖	适合与其他能源结合，实现热水、供暖复合系统的应用，是热网无法覆盖时的有效分散供暖方式。特别适用于办公楼、教学楼等只在白天使用的建筑
太阳能热水	适合小城镇、城乡接合部和广大的农村地区。太阳能集中热水系统也可应用在中大型城市的学校、浴室、体育馆等公共设施和大型居住建筑
工业余热供暖	供暖区域内，存在生产连续稳定并排放余热的工业企业，回收余热，满足一定区域内的取暖需求。余热供暖企业应合理确定供暖规模，不影响用户取暖安全和污染治理、错峰生产、重污染应对等环保措施

五、浅层地热能供暖的通用技术

人类利用深层地热能的历史悠久，如利用温泉沐浴、利用地下热水取暖等。但是由于其品位低，缺乏技术对其直接利用，限制了浅层地热能产业的发展。直到 1912 年，瑞士人首先提出了地源热泵技术，1946 年第一个地源热泵系统在美国俄勒冈州诞生，开发利用浅层地热能供暖才逐渐在全球遍地开花。随着热泵技术的成熟，通过输入少量电能，可以有效地将浅层地热能提取出来加以开发利用，使得浅层地热能供暖成为现实。目前，全球已有 70 多个国家利用热泵技术实现了对浅层地热能的直接利用。

（一）地源热泵系统

地源热泵系统是陆地浅层能源通过输入少量的高品位能源（如电能）实现由低品位热能向高品位热能转移的装置（图 30）。通常，地源热泵消耗 1 千瓦 · 时的能量，用户可以得到 4.4 千瓦 · 时以上的热量或冷量。地源热泵在冬天代替锅炉从土壤中取热，向建筑物供暖。在夏天代替普通空调向土壤排热，给建筑物制冷，是目前效率最高、对环境最有利的热水、取暖和制冷系统，被称为 21 世纪的“绿色空调技术”（表 14）。

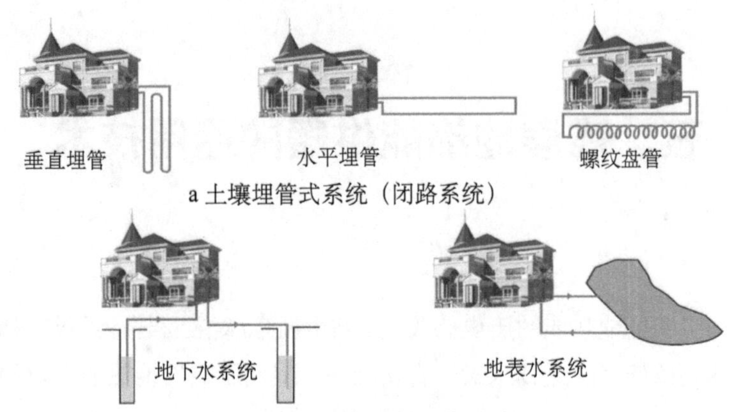

图 30 地源热泵系统的一般形式

表 14 地源热泵系统的特点及优势

特点及优势	说明
可再生能源利用形式	地表浅层收集了 47% 的太阳能量，它利用地表浅层的可再生能源，符合可持续发展的战略要求
高效节能	制热系数高达 3.5 ～ 4.5，而锅炉仅为 0.7 ～ 0.9，可比锅炉节省 70% 以上的能源和 40% ～ 60% 运行费用；制冷时要比普通空调节能 30% 左右
美观	传统空调系统的换热器置于室外，破坏建筑的外观，而地源热泵把换热器埋于地下，保持建筑物外观的完美
保护环境	设备的运行没有燃油、燃煤污染，不抽取地下水，没有地下水位下降、地面沉降和开凿回灌井等问题，是真正的绿色环保能源利用方式
多功能、系统控制和管理方便	一套地源热泵系统可以替换原有的供热锅炉、制冷空调和生活热水加热的 3 套装置或系统
寿命长	普通空调寿命一般在 15 年左右，而地源热泵的地下换热器由于采用高强度惰性材料，埋地寿命至少 50 年

一直以来，世界各国对地热能供暖都非常重视，如冰岛、匈牙利、法国、美国、新西兰、爱尔兰、日本等。冰岛地处北极圈边缘，气候寒冷，一年中有 300 ～ 340 天需要取暖，其主要能源中地热能占 48.8%，石油占 31.5%，水力能占 17.2%，煤炭能占 2.5%。全国有 85% 的房屋用地热供暖，占地热直接利

用的77%。首都雷克雅未克市的地热供暖已有73年的历史，到目前为止，城市已全部实现“地热化”，美誉为“无烟城”。它的地热供暖系统成本只有石油采暖成本的35%，电气采暖成本的70%。地热供暖每年可减少进口石油的费用大约为100万美元。

与其他加热方式相比，地源热泵的能源消耗低，而且节能减排效果显著（图31），爱尔兰几乎90%的房屋使用地热水进行加热，与燃烧化石燃料相比，在爱尔兰应用地热每年能减少大约2亿吨二氧化碳排放。

在美国，地源热泵系统每年以20%的增长速度发展，而且未来还将以两位数的良好增长势头继续发展。据美国能源信息管理局预测，到2030年地源热泵将为供暖、水加热等方面提供高达0.68亿吨油当量的能量。

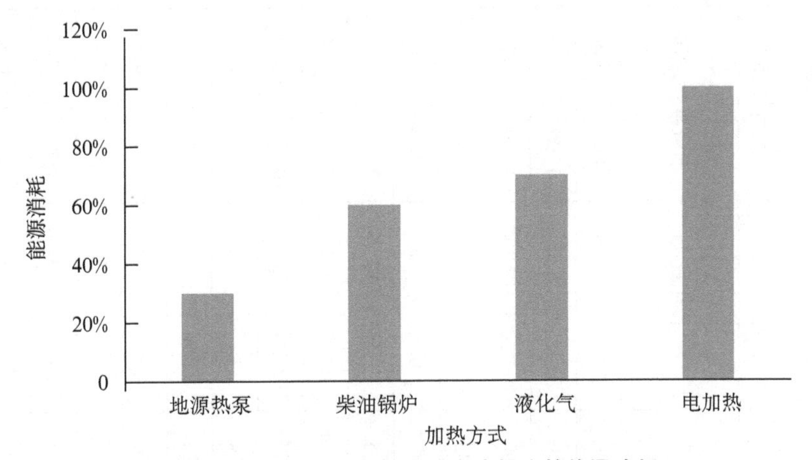

图31　地源热泵与其他加热方式相比的能源消耗

中国对地热能供暖开发也高度重视。早在1997年中国科技部与美国能源部签署的《能效与可再生能源合作议定书》中，其主要内容之一就是“地源热泵”技术的合作；2006年，建设部就颁布了国家标准《地源热泵系统工程技术规范》，作为新型高效、可再生能源技术的水源热泵技术被列入目录。用浅层地能热泵系统全面替代矿物质燃料（煤、油、气）实现无燃烧供热，在中国已有10多年的成功经验。在表15中，我们对一个供暖季中使用不同能源进行供暖及提供生活热水所需要的运行费用进行了比较，可以很明显地看出，地源热泵具有较高的经济性。

表 15　300 m^2 别墅供暖季供暖和生活热水运行费用比较（不同能源，不同年度）

比较项目	采暖方式								
	煤 /kg		柴油 /L		天然气 /m^3		电 /（kW·h）	市政热力	地源热泵 /（kW·h）
燃料（能源）性质	不可再生能源		不可再生能源		不可再生能源		大部分产自不可再生能源	余热回收或产自不可再生能源	使用少量电能取地下可再生能源
能源价格变动年度	2004	2006	2004	2006	2004	2006	—	—	—
燃料单价 / 元	0.39	0.60	3.28	5.00	1.90	2.03	0.48	—	0.48
热值 /kcal	5500	5500	10 200	10 200	8470	8470	—	—	—
使用效率（锅炉）	0.33	0.33	0.86	0.86	0.85	0.85	0.95	—	3.50
供暖面积 /m^2	300	300	300	300	300	300	300	—	300
采暖热负荷 /kW	17.5	17.5	17.5	17.5	17.5	17.5	17.5	—	17.5
采暖燃料消耗量	14 876	14 876	3078	3078	3750	3750	33 158	—	9000
热水热负荷 /（kJ/ 天）	103 168	103 168	103 168	103 168	103 168	103 168	103 168	—	103 168
生活热水燃料消耗量	1624	1624	336	336	409	409	3619	—	982
采暖燃料费用 / 元	5802	8926	10 096	15 390	7125	7613	15 916	—	4320
生活热水燃料费用 / 元	633	974	1102	1680	778	830	1738	—	472
单位面积供暖燃料费用 / 元	19	30	34	51	24	25	53	24	17
总运行费用 / 元	6435	9900	11 198	17 070	7903	8443	17 653	7200	4792
地源热泵节约费用百分比	26%	48%	57%	72%	39%	43%	73%	33%	—

（二）地源热泵相关利用技术

地源热泵技术是实现地热能梯级利用、地温能利用和污水热能利用的有效手段，热泵技术、低温地板辐射技术和信息技术的有机结合与应用给地热能在供暖、制冷、环保等方面存在的问题提供了有效解决方法，整体提高了资源的利用率，保护了资源与环境。20 世纪 90 年代以来，中国在地源热泵技术方面取得了突破性进展，所开发的很多新技术广泛应用于地热工程领域。

1. 低温地板辐射技术

低温地板辐射采暖是将地暖专用塑管埋于地下，在管道内通入 30 ～ 60 ℃的热水，使地面达到一定的温度，靠地面和围护结构、家具、人体等实体的辐射换热来维持房间需要的温度和人体的舒适性的技术，具有高效节能等优点。

2. 信息技术

信息技术的应用有效提高了地热资源开发利用技术与管理水平。中国成功研制出地热资源数据库，建立了部分省市的地热资源开发利用评价设计系统和地热井远程监控系统，可实现对地热井的水温、流量、水位等动态数据进行远程监控，有效进行地热资源的开发管理。

3. 地热梯级利用技术

地热梯级利用就是多级次地从地热水中提取热能，多层次地利用，以达到“能尽其用”的目的。通常情况下，可以将地热能要供暖的总负荷分成高温供暖部分与低温供暖部分，高温部分一般可以采用管网方式供暖，低温部分可以采用地板辐射采暖等。

4. 混合水源联动运行空调技术

混合水源联动运行空调技术是一项新的能源利用技术，利用处理后的工业废水与城市污水、湖水、地热尾水等低品位的能源作为空调系统的热、冷源，利用水源热泵提取热能与冷能，以进行供热与制冷。

5. 回灌技术

地热资源是在漫长的地质历史时期中形成的，其补给来源十分有限。地热水的大量集中开采会因其埋藏深度大、补偿缓慢、再生速度不快而使地热水水位下降形成地面沉降和人为的资源“匮乏”，而且地热水的随意排放会对水土及大气造成污染。回灌是解决上述问题的根本方法。天津市塘沽区于 20 世纪 80 年代初开始进行基岩热储回灌，近几年回灌量是同期开采量的 63%，有效地遏制了水位下降过快的势头。

6. 增强型地热系统

增强型地热系统是国际上最为关注的两个发展趋势之一。增强型地热系统也叫干热岩地热，其原理是从地表往干热岩中打一眼井（注入井），封闭井孔后向井中高压注入温度较低的水，高压水在岩体致密无裂隙的情况下，会使岩体大致沿垂直于最小地应力的方向产生许多裂缝，注入的水会沿着裂隙运动并与周边的岩石发生热交换，可以产生温度高达 200 ～ 300 ℃的高温高压水或水汽混合物，然后再通过人工热储构造的生产井将这些高温蒸汽提取用于地热发电和综合利用，利用后的温水又通过注入井回灌到干热岩中，从而达到循环利用的目的。

（三）浅层地热能供暖技术分析——高效环保的供暖解决方案

中国的浅层地热能供暖技术经过 10 余年的发展，日趋成熟，已成为浅层地热能的应用大国，多项技术和设备甚至向国外出口。中国相关领域的企业十分重视技术研发与创新，开发出能够服务于不同地区、不同地质情况，不同类型、不同使用功能的建筑物的多样化系列产品，基本可实现传统供暖产品的全替代。

1. 热冷一体化智慧供暖

浅层地热能供暖实际上是将电能转化为机械能，通过使用地源热泵空调技术，驱动热泵系统搬运不花钱的低品位热能为建筑物供暖，通过物理变化过程，实现电的高效利用和浅层地热能供暖（可再生能源占供暖总能耗 60% 以上）。

中国部分企业利用浅层地热能技术，实现了“三联供”，即冬天供暖，夏天制冷，一年四季供生活热水。“三联供”的地源热泵通过与土壤等介质中“四季恒温”的地下热能交换即可实现供暖与制冷。冬季取出地热，给室内供暖，夏季把室内热量抽出，释放到地能中，完成热交换。

利用浅层地热能为建筑物供暖（冷）只需消耗少量的电能（能效比可达到 4）（图 32），就能将传统用于供暖、供生活热水所要消耗的煤、油、气等一次性能源节省下来，从能源供给方式上就保证了供暖（冷）方式无任何污染排放行为，是绿色环保技术产品，其建设成本只相当于所配套建筑物传统中央空调制冷系统的价格，其运营成本在均无政府补贴的情况下，低于天然气、煤气、电能取暖，与烧煤取暖费用相当。采集浅层地热能为建筑供暖、制冷，可有效降低化石能源消耗，减少污染排放，是促进建筑节能减排的重要措施之一。

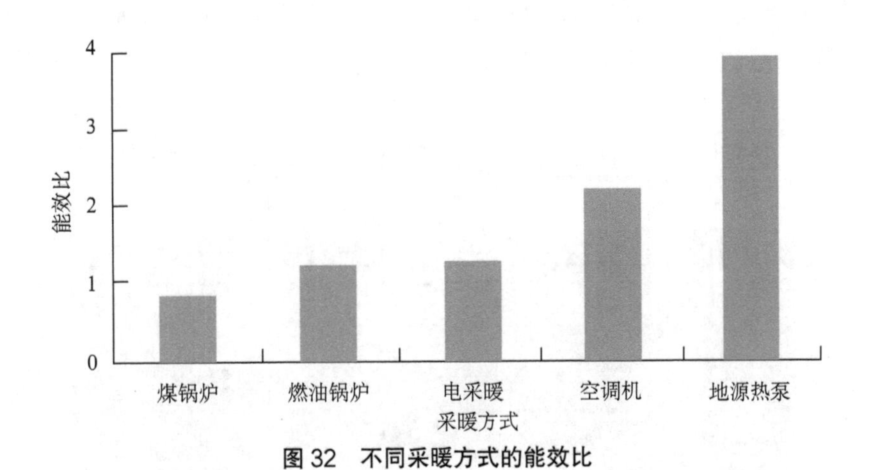

图 32　不同采暖方式的能效比

2. 热源提供——钻井采能

就提取热源来说，目前中国浅层地热能供暖领域有 3 种方式，分别为抽水井 + 回灌井系统、地埋管系统和单井循环换热系统（表 16）。

表 16　热源采集方式

采集方式	对环境的影响	能效比	占地面积	适应性
抽水井 + 回灌井	有地下水流失，回灌难，有潜在地质危害	高	较大	对地质条件要求高，适应性差
地埋管	无地下水流失，无污染，无地质危害	低	大	适用区域广
单井循环换热	无地下水流失，无污染，无地质危害	高（是地埋管的 20 ～ 100 倍）	小	适用区域广

抽水井 + 回灌井系统由相隔一定距离的两眼井组成（图 33）。一眼为抽水井，与普通供水管井相同；另一眼为回灌井。工作时，潜水泵将井水从抽水井抽出进入机组换热，换热后的井水进入回灌井渗入大地。该装置结构简单、成本低。然而，该技术对地质条件要求较高，只有在地下水很丰富的地区才可以使用，并且在运行过程中，会产生地下水回灌难、移砂和地质沉降等问题。

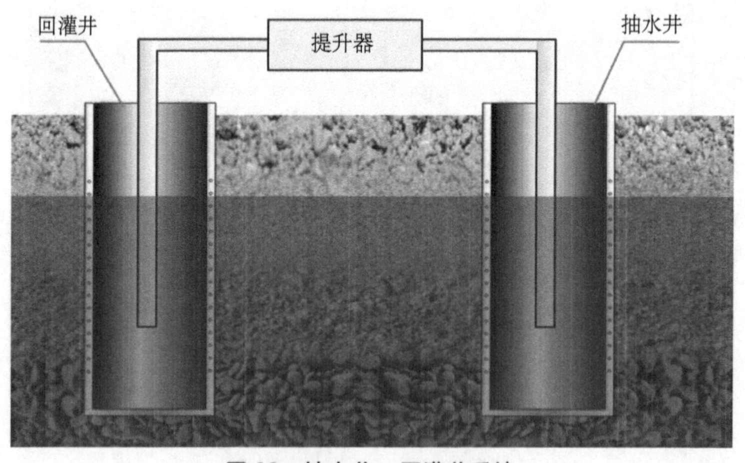

图 33　抽水井 + 回灌井系统

地埋管系统的典型结构是由垂直埋入地下 100 米左右深度的单 U 型或双 U 型换热管组成（图 34）。换热管内的介质通过管壁与周围的岩土体实现换热。它可以适应多种地质条件，但其换热能力差，占地面积大。

图 34　国际通用的地埋管地能采集系统

相比较而言，单井循环换热系统是浅层地热能供暖领域较为理想的热源提取系统（图 35）。该技术以地下水为介质，利用一眼井及井内装置，采用半封闭循环回路，实现水与浅层土壤及砂岩的热交换，从土壤、砂岩中取热，实现抽水与回灌在能量交换与流量间的动态平衡及能量采集过程。由于井水就地原位循环，所以既不消耗水，不污染水，不会破坏地下水的正常分布，也不会因为移砂而造成抽水井坍塌和回灌井堵塞等问题，避免了抽水井 + 回灌井系统带来的隐患。而与地埋管技术相比，该技术占地面积小，供热效率则更高。

目前，基于该技术，中国相关企业已经开发出单井循环地热能采集技术，总结出了针对不同地质、不同地区地热能采集换热装置的设计方法与设计经验，并进行了规模化、模块化生产。

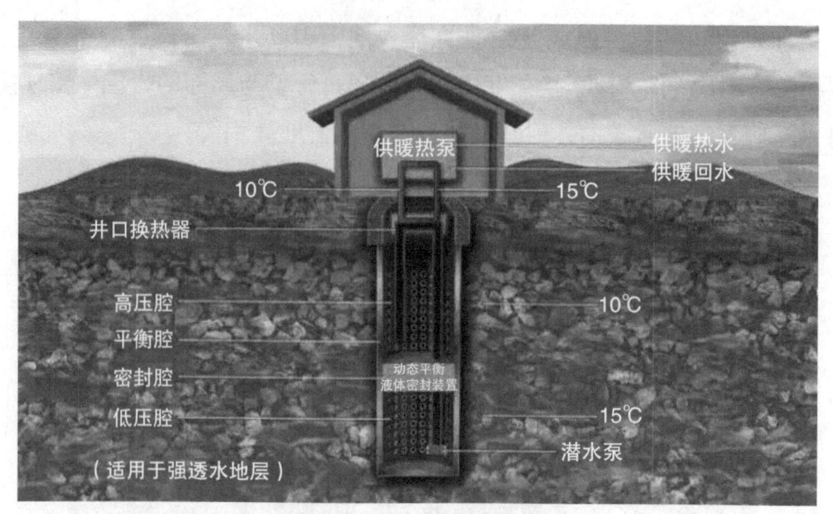

图 35　单井循环换热系统

3. 热能输送——分布式

浅层地热能供暖的另一大特点为分布式热能输送系统，该系统直接在靠近用户的地点采集、生产能量，并依靠建在用户端的热能输送装置为用户提供热力，解决了传统自采暖的污染大、效率低和城市集中供暖的能量损耗大、运行僵化的缺点（表 17）。分布式热能输送系统不但简化了向用户提供能量的输送环节，从而减少了输送能量的损失与成本，还可以在用户端灵活调节供热的强度、时长和起止时间等，实现能源的节约与合理分配。

表 17　中国供暖模式对比——热能输送视角

供暖模式	特征	优（缺）点
传统自采暖	采用散煤、秸梗为燃料，火炕、火炉、土暖气等为媒介供暖	能耗高、污染大、效率低
集中式	以热水或蒸汽为热媒，由一个或多个热源站通过公用供热管网向整个城市或其中某些区域的众多用户供热	供热效率高、覆盖面广，污染较传统供暖方式低；输热过程中能量损失高、调控僵化
分布式	以清洁能源为热源，在用户端安装供热（冷）系统，且系统能够在消费地点（或附近）生产热能	节约能源、环保、调控灵活、计价灵活

针对不同规模的应用场景，国内企业设计了以分布式热源输送模式为特征的供暖解决方案，包括地能热宝系统、地能热泵环境系统和分布式地能冷热源站。

地能热宝系统是针对建筑较为分散的中国北方农村地区和城市的别墅区的供暖方案（图 36）。系统主要由地能采集器、分体热泵机组、地能输送系统 3 个部分组成，其中，地能采集器安装在用户院落附近，提取土壤中的热量；分体热泵机组与家用柜式空调机组类似，分室内、室外 2 个部分，室内供暖，室外放置压缩机等核心部件；地能输送系统是连接地能与热泵机组的管线，换热介质通过管线实现能量的转移和输送。该系统可低能耗地解决差异化采暖需求，为使用 50 ～ 2000 平方米建筑物的住户供热、制冷并提供生活热水。它适用于布置分散或可差异化运行的办公、学校、住宅等建筑，可替代城镇分散式锅炉系统。

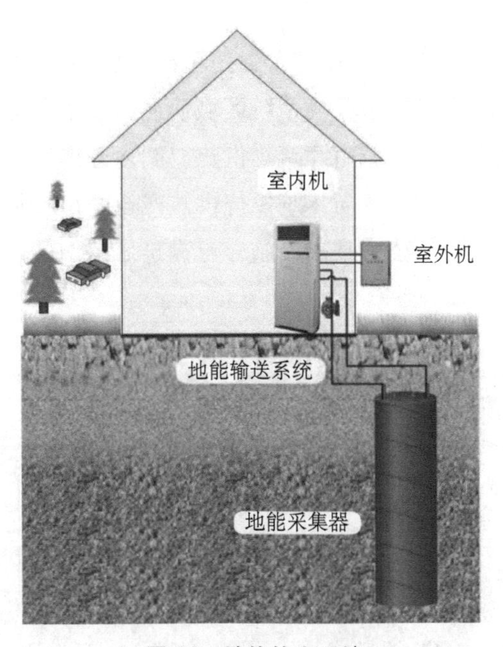

图 36　地能热宝系统

地能热泵环境系统是针对单体或占地面积不大的群体建筑物的供热方案（图 37）。该系统可与传统燃烧供热产业的区域供热锅炉房相对应，设计供热规模 100 ～ 30 000 千瓦，可为 2000 ～ 500 000 平方米建筑物供热、制冷并提供生活热水。

图 37 地能热泵环境系统

分布式地能冷热源站则是针对大型建筑群的供能方案（图 38）。该系统将为单体建筑供热的地能热泵环境系统区域连通，技术上更安全可靠，实现了地能热冷一体无燃烧为新兴城市建筑物供热、制冷并提供生活热水，设计供热规模为 5 ～ 900 兆瓦。该系统与传统燃烧供热产业的市政热力系统相对应，可成为新兴城镇配套供热的公共基础设施，可满足城镇 10 万～ 1500 万平方米的区域建筑物使用。

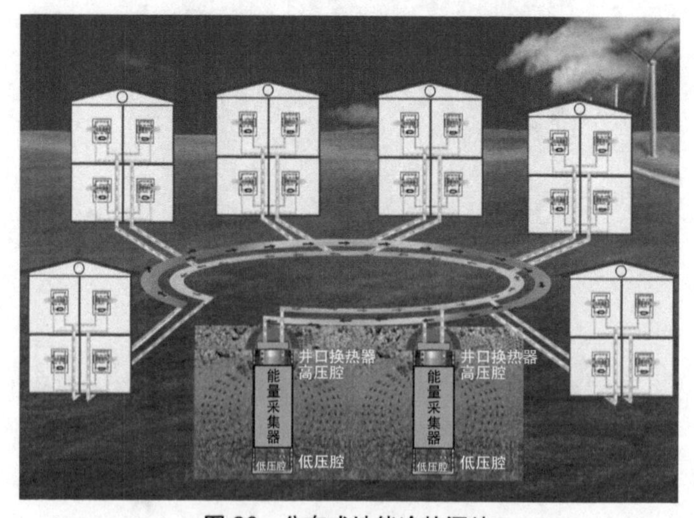

图 38 分布式地能冷热源站

（四）相对其他清洁能源的比较优势

作为目前必不可少的保障性服务，清洁供暖在选择能源时应遵循以下原则。

①优先考虑资源储量大的能源。

②优先考虑开发安全、稳定的能源。

③优先考虑开采难度低、性价比高的能源。

④优先考虑环境影响小的能源。

⑤优先考虑储备、运输及使用方便的能源。

从能源储量角度考虑，中国能源结构的特点是富煤少气，随着天然气消费量逐年增加，中国天然气的进口量也逐步提升，对外依存度增大。然而，天然气的增量仍无法满足中国庞大的供暖市场。天然气价格的季节性峰谷差较大（最大峰谷差超过 10 倍），供暖期存在缺口，而非供暖期供大于求。

2017 年冬，在清洁供暖工作推进过程中，华北地区甚至出现了“气荒”。2017 年 12 月，河北全省供需缺口达 10% ～ 20%，部分居民面临“无暖可采”的危机，对经济社会正常运行产生了较大影响。此外，当前国际社会“右转”趋势明显，全球化进程遭受阻碍。中国对于天然气市场的过度依存不仅会推动天然气价格持续走高，增加经济成本，更会丧失关系国计民生的用气主动权。

从环境保护角度考虑，煤炭的化学性质决定了其燃烧后的碳排放显著高于天然气及可再生能源。而煤作为不可再生的化石能源，迟早面临耗尽被淘汰的命运。因此，中国应早做计划，主动实现供暖能源转型，避免日后被动转型的危机。

从能源品位角度考虑，建筑供暖本不需用高品位能源，只需能产生 80 ℃以下的温度足矣。因此，用天然气等可炼出近 1000 ℃钢水的能源只烧出 150 ℃以下的蒸汽为建筑供暖，这是能源品位的浪费。

从技术角度考虑，如在前面“三、供暖能源利用现状”中所述，太阳能、风能、生物质能、水能等可再生能源在现阶段尚不适合作为建筑物持续稳定的供暖能源。因此，目前它们都不能单独直接作为建筑物的能源供给。

鉴于以上几点分析，目前占清洁供暖市场主导地位的天然气与清洁燃煤集中供暖，以及太阳能、风能、生物质能、水能等可再生能源均不适宜作为中国北方清洁供暖的首选能源。

相比之下，具有储量巨大、再生迅速、分布广泛、温度适中、稳定性好等优点的浅层地热能，是理想的“绿色环保能源”，在目前化石能源污染排放量大、众多可再生能源技术和经济条件受限的情况下，其应作为中国北方清洁供暖的主要替代能源。

六、浅层地热能供暖的优点

自人类诞生之日起，一直在通过适应环境和改造生存环境与自然进行双向的互动。其中，追求“冬暖夏凉”，特别是“冬暖”是其中一项重要课题。千百年来，社会对于取暖的解决方法是燃烧，树木、畜粪、煤炭、石油及天然气都曾经且至今仍为人们取暖的主要选择。在化石能源日益短缺的背景下，是否有更为经济的取暖方式开始成为学界与业界关注的议题。

首先，燃烧取暖对环境所造成的不利影响遭受了广泛的批评。有专家认为，燃烧取暖的方法在实践中会对环境造成污染，因此，需要从理论上寻找其缺陷，并指出雾霾的重要成因之一是量大面广的以燃烧方式为建筑物供热所产生的低空排放，排放物中含有害气体、尘等细微颗粒物，遇有适合的气候条件就会形成雾霾。煤炭是化石能源中的一种，是含有高发热量的高品位能源。在燃烧过程中，煤炭这个高品位的化石能源不可避免地会产生污染环境的废气——二氧化碳等。继而，因二氧化碳排放，又会引起全球气候变化等不容忽视的问题。

其次，燃烧取暖的理论遭到了挑战。一些学者指出，以燃烧的方式取暖是对资源的一种浪费。能源有高低品位之别，一般来说，把可产生高温的称为高品位能源，只能产生较低温度的称为低品位能源。如好的煤、燃油或是天然气，它们燃烧后可以炼钢铁，归于高品位能源；用树叶、柴草燃烧就无法炼钢，只能煮饭，就归于低品位能源。

基于经济与总量等条件的约束，人类使用能源时不能随心所欲，而是要有节省能源品位的观念，也就是物尽其用。建筑供暖本不需用高品位能源，只需能产生 80 ℃以下的温度即可[①]！

---

① 吴德绳．用低品位能源为建筑物供暖是高尚的追求[J]．中国地能，2015（8）：30–33．

然而，中国普遍存在着供暖能源品位错配的现象[①]。中国在供暖时，用煤或燃气等把能够炼出近1000 ℃钢水的能源使用于只需烧出150 ℃以下蒸汽的建筑供暖，这是能源品位的浪费，而且这150 ℃的蒸汽常又交换成近80 ℃的循环热水，再次把热源温度降低，这是我们多年建筑供暖和市政供热的实际状况。非常优质的、本身可用于更为高端使用的能源形式，现实中却降低了使用效率。

虽然我们一直努力节能，但只是节省了热源的热损失，并未认清建筑供暖应与“能源品位相应”的科学原则，所以未能注意能源品位的选择问题。这种能源品位的浪费和损失被科技界揭示并被管理者、投资者认知后，极大地提升了我们建筑供暖能源革命的积极性和社会责任感，现已取得了很大实效。能源品位是资源，也是自然界的赐予，必须节省使用。建筑供暖可以用低品位能源，而一些工业或交通业等却必须使用高品位能源，那就该把高品位能源留给它们使用，而建筑供暖今后只用低品位能源，不浪费能源的品位。

围绕中国供暖方式亟须改变的大方向，学界对于供暖能源的选择展开了大量讨论。目前，全国建筑面积超过600亿平方米，建筑能耗已突破中国一次性能源消费比例的1/3以上，达40%左右，必须明确中国城镇建筑供暖能源的取舍问题（图39）。

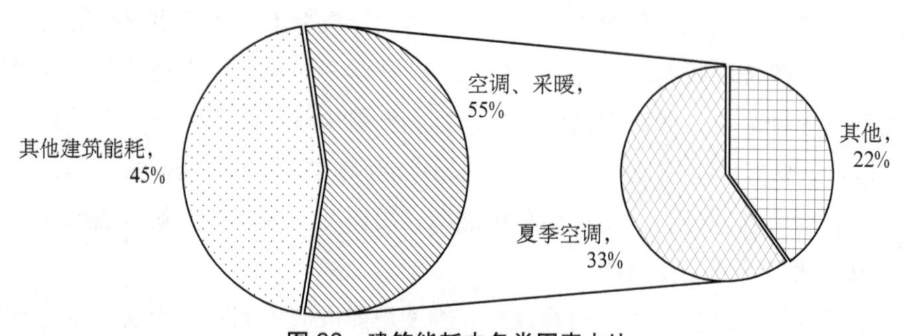

图39　建筑能耗中各类因素占比

当前，城镇建筑供暖能源的选择需要遵循下列原则。

①建筑周边的生态环境、能源的清洁化。

---

① 李晶．武强院士谈利用浅层地热能为农村供暖的优势[J]. 中国地能，2016（15）：50–53.

②确保最冷天气的室内温度需求。

③用能设备的安全、节能、方便。

④供暖费用的可接受程度。

⑤城镇能源供应的保证。

经分析核电、太阳能与地热能的优劣发现，核电是清洁能源，不存在温室气体和有毒气体排放问题，更干净、无污染、近于零排放，但因为有安全隐患问题，作为城镇建筑供暖能源要慎之又慎。其原因可归结于：城镇人口集聚，不能有丝毫安全隐患；中国城镇普遍缺水，低温核供热耗水大；核供热厂规模受限。因此，核电作为城镇低温核供暖机组推广要谨慎。而太阳能由于受天气影响较大，也只能作为补充能源使用[①]。浅层地热能则较好地满足了以上 5 条原则，是中国城镇较为适宜的供暖能源。

在分析了中国的自然条件后，也可以得出相似的结论。中国绝大部分国土位于温带，这是浅层地热能供热最能发挥作用的地带。在温带，地下浅层的温度根据纬度的不同分别在 10 ～ 20 ℃，这一温度与人们在建筑中希望得到的温度十分接近，是家庭住宅和商业建筑的理想热源。从实践经验看，中国北起黑龙江，南到海南岛，以及西部边疆及青藏高原都有成功利用了浅层地热能供热技术并取得良好效果的案例，即中国的地理条件适合浅层地热能供热技术在全国范围内大面积推广。

此外，中国大部分地区处于大陆季风气候带，受寒潮影响，中国冬季温度明显低于处于同纬度的欧洲、美洲。由于地下和地表温差大，在中国利用浅层地热能供热技术能效明显高于空气能供热技术。在寒流条件下，由于外部气温极低，空气热泵必须有辅助能源才能使用，同时能效大幅降低。而利用浅层地热能供热，由于地下热源温度相对稳定，能效不受地面气温影响，有效地提高了能源使用的效率。

同时，学界认为浅层地热能不仅仅是城镇居民的首选供暖能源，也是中国农村的理想供暖源。目前，中国的农村地区在冬季取暖只能采用烧散煤的方式解决。新能源的利用，对农村解决供暖问题提供了新的解决方案[②]。以往太阳

---

① 程韧．中国城镇建筑供暖：能源和供暖方式的抉择 [J]. 中国地能，2017（20）：32–35.

② 李晶．武强院士谈利用浅层地热能为农村供暖的优势 [J]. 中国地能，2016（15）：50–53.

能、风能等新能源被看作可能替代燃煤供热的技术方向。然而，太阳能依赖于阳光，风能则依赖于风力，当气候因素导致没有阳光和风力时，这两种新能源便受到了制约，无法使用。利用太阳能和风能作为独门独户的取暖能源，亦需要面临蓄能的问题。由于太阳能、风能对气候表现的依赖，并不能实现稳定的供能，加之储集技术的不成熟，这两种能源在农村供暖应用中存在一定的劣势。

相对而言，浅层地热能的利用在解决散烧煤问题上具有得天独厚的优势。表 18 从能源效率、环境影响、投资、采暖运行费用等方面对于两种供暖方式进行了比较。相关企业利用浅层地热能的产品可用于独门独户使用，造价不十分高，通过政府补贴，居民可加入，企业连片布局使用，可进一步降低成本。除了没有污染，对土壤、大气不产生次生危害之外，浅层地热能还有一个更重要的优势，即分布式管理运行方式。与传统散煤供热相比，分布式供暖在管理模式上发生了很大变化。燃煤炉一旦燃烧，供暖覆盖所有房间。分布式供暖如同分布式空调系统一样，当某个房间不需要供热时，可将其供暖开关关掉，需要供暖时再开启。分布式能源管理的思维进一步提升了能源使用效率，也降低了对能源不必要的损耗。

表 18　两种供暖方式的比较

序号	项目	传统供暖（冷）方式	浅层地热能供暖（冷）方式
1	能源	燃煤或燃油，或天然气	浅层低温地能，少量电
2	供暖设备	锅炉铸铁（钢）散热器	热泵，风机盘管
3	加热过程特点	1000 ℃燃烧产物，加热 70 ～ 80 ℃的低温水	地下 10 多℃低温用热泵提升至 50 ～ 60 ℃
4	能源效率	低（60% ～ 90%）	高（COP 为 2 ～ 4），节能 50% ～ 75%
5	环境影响	污染严重（烟尘、CO、SO_2、NO_x、CO_2）	使用区域零污染
6	制冷设备	另设分体空调或制冷机组	冷却塔供暖制冷热泵一体化设备
7	建筑辅助设施	大锅炉房、烟囱、煤场、灰场或地下油库、天然气泄漏	小机房（供暖面积的 0.5% ～ 1%），打浅水井（一般 <100 m）

续表

序号	项目	传统供暖（冷）方式	浅层地热能供暖（冷）方式
8	投资	（供暖、供冷）总投资为 100%	供暖（冷）总投资为前者的 80%
9	采暖运行费用	电采暖每季 40 ～ 50 元 /m^2；燃油或燃气每季 30 ～ 40 元 /m^2；燃煤每季 20 ～ 30 元 /m^2	供暖运行费每季 20 ～ 30 元 /m^2
10	制冷期间耗水量	冷却塔耗水 120 吨 / 万 m^2	无水损耗

总之，利用浅层地热能供暖具有诸多优势，如可以有效提升居民生活品质、减少建设开发投资、降低供暖成本、促进节能减排，对于推动供暖能源转型、改善环境都具有重要意义。

（一）有效提升居民生活品质

对于农村而言，浅层地热能供暖能够有效提升农村居民生活品质。长期以来，北方农村地区采用分布式自采暖方式进行房屋供暖，大量使用燃煤。使用燃煤供暖，一个 100 平方米左右的房间每个采暖季至少需要贮存 2 ～ 3 吨煤。在冬季利用燃煤供暖的过程中，农户生活空间不仅被占用，还存在环境脏乱差等问题。煤炭燃烧烟雾明显，还容易引发一氧化碳中毒，存在安全隐患。同时燃煤锅炉需要专人看管，耗费时间和精力。

与传统的燃煤取暖相比，利用浅层地热能供暖具有无燃烧、无排放等优势，且操作简单，有利于最大限度满足广大农村农户的个性化需求。同时，浅层地热能供暖舒适度更高。根据北京市农村工作委员会对北京 663 个村 3000 多户进行的监测数据显示，浅层地热能供暖平均温度达 20.6 ℃，高于空气源热泵（19.1 ℃）、燃气壁挂炉（17.7 ℃）、蓄能式电暖气（17.0 ℃）。

此外，浅层地热能还具备“三联供”的特征，即不仅能够供暖，还能制冷并提供生活热水。供暖是中国北方地区的“必需品”，制冷则是“奢侈品”。浅层地热能不仅能让农民在冬季享受暖气，还能在夏季享受冷气，一套系统可冬夏兼用，使浅层地热能利用得更为充分，让农民无须再额外添置热水器和空调。除了供暖和制冷之外，浅层地热能还可以把水加热为生活热水，电费仅为热水器的 1/3。

对于城镇而言，传统的集中供暖无法调节室内温度，温度过高时通常只能通过开窗散热等方式被动降温。而采用浅层地热能供暖，温度高低可根据个人情况自主调节，采暖时间可以自行控制，每个房间的温度也可根据不同需求进行设置分配，能充分满足个性化要求，符合现代居民的生活需要（图 40）。

图 40　居民自主调节供暖系统

（二）有效减少建设开发投资

利用浅层地热能供暖，也是减少北方地区供暖建设开发投资的有效途径。根据各种能源供暖的投资数据显示，浅层地热能每平方米建筑总投资均低于煤炭、石油、天然气和电力（表 19）。

表 19　各种能源供暖的相关投资数据

项目	浅层地热能	煤炭	石油	天然气	电力
每平方米建筑国家能源投资 / 元	250	360	415	415	960
每平方米建筑业主投资 / 元	120 ～ 150	50 ～ 150	50 ～ 150	50 ～ 150	50 ～ 150
每平方米建筑总投资 / 元	370 ～ 400	410 ～ 510	465 ～ 565	465 ～ 565	1010 ～ 1110

注：①供暖部分只计算国家开采能源和建筑物供暖的区域热力投入。

②采供煤 200 元 /m^2；天然气第二条管线投资按第一条的 50% 计算，共 255 元 /m^2；电力投资 800 元 /m^2；热力设备热网 160 元 /m^2。

③业主缴纳的接口费（“四源费”[①]）暂不计。

④总投资以热网集中供热为对比，若是分散供热，国家投资中不包括热力设备热网费用。

⑤不包含建筑物内的末端系统。

从社会总投入的角度，由于采用电力供暖涉及发电、输电、配电、用电 4 个环节，与电直接采暖、蓄能电暖气采暖相比，空气源热泵和地源热泵供暖都能大幅减少配电、输电和用电费用，其中，地源热泵又比空气源热泵减少 30% 的电网投入。同时，安装地源热泵，利用浅层地热能供暖，相比其他清洁能源供暖方式，每户还可以减少社会投入 4000 元，同时减少 1/3 的运行费用补贴。因此，浅层地热能供暖不仅减少了建设投资，还减少了用户的支出，具有很高的经济效益。

特别是在城市采用浅层地热能集中供暖，无须投资建立大规模供暖管线、热网系统、配电网络等，仅需要在某栋建筑或者某一小区就近打井采集地热能，相比之下开发成本比较低。同时，利用浅层地热能供暖无须设置热能的存储环节，不论白天、晚间，不论晴天、阴天，随时可以提取热能为建筑供暖，具有热需求无时间差的特点，有效节约存储费用。

（三）有效降低居民供暖成本

“居民可承受”是北方地区推行清洁供暖必须考虑的因素。数据显示，采

① 指市政基础设施中的自来水厂建设费、煤气厂建设费、供热厂建设费、污水处理厂建设费。

用燃煤、天然气壁挂炉、空气源热泵、地源热泵和蓄能式电暖器供暖，一个供暖季折算费用分别为18.5元/平方米、13.8元/平方米、18.3元/平方米、9.6元/平方米和21.3元/平方米（图41）。可见，浅层地热能供暖的采暖费用在这5种供暖类型中最低，仅为9.6元/平方米。以农村100平方米的住宅为例，一个供暖季的电费仅为960元，是燃煤供暖所需费用的53%，经济效益显著。在实地调研中还发现，利用浅层地热能供暖的低成本优势得到了村民的普遍认可，对于超出政府补贴范围的面积，村民表示愿意自费安装浅层地热能供暖系统。

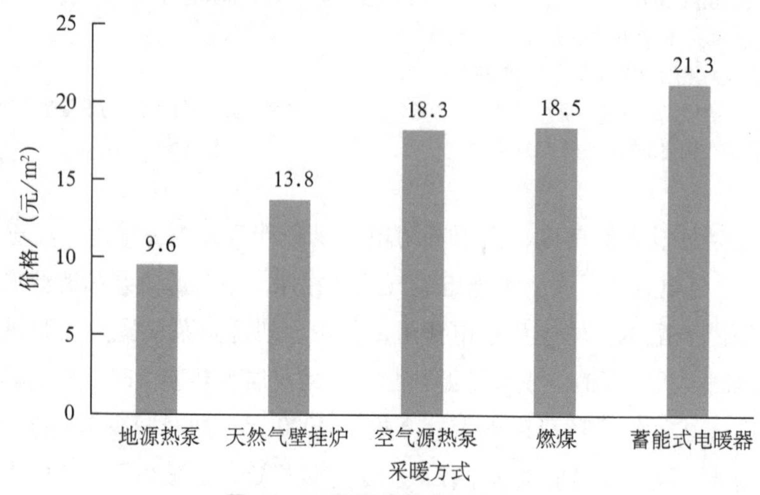

图41　不同采暖方式运行成本

此外，由于浅层地热能供暖可自主选择开启或关闭，可利用“峰、谷电价制度”以最低运行费供暖。一方面，随开随关极大地节约了能源，人多则多用，人少则少用，无人则不用，适应农村分布式自采暖的现实状况；另一方面，由于建筑物本身有极大的热容量，冬季在绝大多数情况下，可以只用谷电价运行，峰价时关机，间歇“节钱”运行，用程序自动控制，既可节约运行费用，又可缓解电网产、销差的难题，同时仍可保证供暖效果。

（四）有效促进城乡绿色发展

浅层地热能供暖具有无燃烧、无污染、无排放等特点，相较传统的供暖方式，节能减排效果显著。

从节能方面看，第一，采用浅层地热能供暖系统是就近取热、就近供暖，无须建设长距离热能输送管网，有效减少了输送热能的大量功耗和热损失，形成明显节能效果；第二，地源热泵的能源利用率最高，地源热泵的性能系数平均为3.5，远高于燃煤（0.6）、燃油（0.9）、电（1.0）、空调机（1.8）等，这使浅层地热能供暖更节能；第三，浅层地热能经过设备转换最终提供了15～25 ℃的循环水，配合热泵的应用，提升它到40 ℃以上为建筑物供暖，解决了建筑物供暖中利用低品位能源的难题，克服了高品位能源低用的浪费。

从减排方面看，利用浅层地热能供暖，100万平方米的建筑每个采暖季可减少二氧化碳排放2.45万吨，减少二氧化硫排放228吨，减少氮氧化物排放151吨，减少颗粒物排放416吨，减少烟尘排放量1.3亿立方米，具有明显的减排效果（表20）。浅层地能热泵系统的运行具有零污染、零排放的特点，能真正做到保护生态环境，减少对环境的污染，被美国环境保护署（EPA）评为“环境最友好的供热技术”，有效促进了城乡绿色发展。

表20　100万 m^2 建筑利用浅层地热能供暖的减排效果[①]

类别	减排二氧化碳 / 万 t	减排二氧化硫 /t	减排氮氧化物 /t	减排颗粒物 /t	减排烟尘量 / 亿 m^3
效果	2.45	228	151	416	1.3

① 资料来源：北京市农村工作委员会。

七、浅层地热能供暖的应用场景

浅层地热能供暖作为一种利用地球热能为资源的清洁供暖方式，在满足供暖需求的同时，还能直接降低以一次能源特别是煤炭燃烧为主的传统供暖方式所带来的环境污染，对于减少建设开发投资、降低供暖成本、促进节能减排都有着明显效果。

经过多年的产业发展和技术攻关，浅层地热能供暖因其小规模、小容量、模块化、分散式等特点，在不同的领域都具备较强的竞争性。本处选取单户农舍、学校、综合型场馆及居民区 4 个典型的应用场景，并通过各场景下的典型项目加以具体阐释。

（一）单户农舍应用场景——北京市海淀区西闸村

长久以来，中国农村地区采暖多采用以分散自采暖为主的形式（图42）。分散采暖是一种建在用户端的供暖方式，主要以运用散煤、柴薪、秸秆等易造成环境污染的煤渣及有害气体的燃料为主，也是华北地区雾霾的主要“元凶”。此外，传统自采暖方式供热效率低，在相同能耗的情况下，供给的热力无法将室内温度提升至舒适程度。

a

b

图 42　传统分散自采暖

浅层地热能所采取的新型分布式取暖方式适应了农村几十年来分散采暖的现实情况，而且将传统的一次能源采暖升级为可再生地热能取暖。

专栏 4　西闸村村况一览

占地面积 72.93 万平方米。

其中，宅基地面积 9.33 万平方米，住宅建筑面积约为 6 万平方米。

社区共有平房院落 230 个。

农户住房面积普遍在 270 平方米左右。

西闸村农户宅基地面积较大，且多以平房为主，一直以来都采用电或燃气的传统形式进行采暖，而现有电力负荷条件下已无法再满足清洁供暖的需求（图 43）。

图 43　西闸村村貌一览

2016 年，西闸村开始实施由煤向浅层地热能供暖的转化项目，采用针对农村及城乡接合部建筑供暖（冷）特殊需求的新型节能环保供暖（冷）解决方案。据统计，西闸村共改造 213 户，共计使用 772 套地埋管地能采集器和 790 套供暖（冷）系统装置（图 44）。

图 44　西闸村村民家中应用的浅层地热能的室内机装置

1. 实用的计量方式

西闸村采用传统的电计量与水流量计量方式，将供电系统与分户电表结合，水流量分户用热量匹配。每户都有单独的控制系统和计费系统，多开则多用，少开则少用，自主控制性强，节能效果显著（图 45）。

图 45　分表计量计费系统

2. 低廉的费用支出

抽样调查显示，经过两年的运行观测，一个供暖季每户供暖电费平均为每平方米 10 元左右，个别住房面积大、常住人口少的农户，平均每平方米供暖电费低于 10 元（表 21）。

表 21　西闸村 2016—2017 年供暖季供暖费用抽样调查

农户	面积 /m^2	总电量 /（kW · h）	峰电 /（kW · h）	谷电 /（kW · h）	供暖季电费 / 元	费用 /（元 /m^2）
农户 1	250.80	9295	4673	4622	2751.97	10.97
农户 2	230.58	8937	4109	4828	2496.21	10.83
农户 3	222.44	6762	3683	3079	2112.57	9.50
农户 4	267.00	6738	4340	2398	2366.40	8.86
农户 5	241.76	7698	4672	3026	2591.88	10.72

3. 更宜人居的环境

西闸村实施浅层地热能采暖后，每个供暖季节燃料量约达1100吨标准煤，减少二氧化硫排放约21吨、氮氧化物排放约17吨。如今村民已无须贮存煤炭，街道变得整洁干净，极大地改善了村容村貌。同时，在使用可再生浅层地热能的供暖装置时，由于将噪声源压缩机移至室外，且使用隔音材料安装，室内外均无明显噪声。

（二）学校应用场景——北京市海淀外国语实验学校

学校作为包含教学活动、课余运动、学生及教职员工日常生活等在内的综合性区域，在采暖方式的选择上除了要考虑环保性、经济性等普适性准则外，使用的安全性、灵活性及可持续性等则更是需要重点关注的方面。

专栏5　北京市海淀外国语实验学校基本概况一览

占地面积23.33万平方米。

其中，总建筑面积9万余平方米。

在校学生4400余人，教职工940余人。

海淀外国语实验学校从2001年9月开始采用中央液态冷热源环境系统，对教研楼、教室、游泳池、体育馆、宿舍、食堂、景观水池等进行供暖覆盖，覆盖面积超9万平方米。由于该学校占地面积大、建筑物距离分散，且各区域功能差异较大，所以依据学校区域内各建筑物功能设立机房，现共有地能热泵环境系统机房14个，均可独立运行（图46）。

图 46　海淀外国语实验学校供暖（冷）机房

1. 灵活的自主调节模式

学校还在校园范围内实现了“三联供”，可根据室外环境温度的不同，各建筑室内温度可以在 18 ～ 26 ℃随意调节，分别满足冬季和夏季对舒适度的要求。考虑学校特殊的使用环境，系统启用时间通常为环境温度持续高于 26 ℃（连续 5 天）开始制冷或持续低于 18 ℃（连续 5 天）开始供暖，直至环境温度处于 18 ～ 26 ℃。生活热水系统出水温度设置在 40 ～ 45 ℃，不间断供水。

2. 可控的运行费用

经过对多年实际运行的监测，采用浅层地热能供暖后，学校耗电量平均为冬季 37.92 千瓦 · 时 / 平方米，夏季 14.74 千瓦 · 时 / 平方米，全年耗电量为 52.66 千瓦 · 时 / 平方米。按照居民电价 0.4886 元 / 千瓦 · 时计算，全年运行费用为 25.73 元 / 平方米。在每个供暖季，海淀外国语实验学校的直接能耗成本为 18.53 元 / 平方米，是锅炉集中供暖成本的 39.3%（表 22）。

表 22 海淀外国语实验学校地源热泵运行表现[①]

建筑名称	建筑面积 /m²	系统功能	冬季耗电 / (kW · h/m²)	夏季耗电 / (kW · h/m²)	全年耗电 / (kW · h/m²)	冬季热水供应量 /t	运行费用 / (元 /m²)
综合教学楼	8047	冷暖	24.32	10.63	34.95	—	17.08
综合艺术楼	6009	冷暖	23.07	9.45	32.52	—	15.89
小学教学楼	8897	冷暖	21.71	10.36	32.07	—	15.67
高中楼	5248	冷暖	21.91	8.98	30.89	—	15.09
北区食堂	4455	冷暖	24.54	10.64	35.19	—	17.19
体育游泳馆	5603	冷暖 + 热水	55.01	13.41	68.42	11 675.84	33.43
女生宿舍	6296	冷暖 + 热水	40.85	16.26	57.11	5690.01	27.90
男生宿舍	6296	冷暖 + 热水	40.07	17.07	57.13	5281.644	27.91
小学生宿舍	12000	冷暖 + 热水	49.46	17.27	66.73	19 463.33	32.60
南区学生宿舍	4698	冷暖 + 热水	59.34	15.87	75.21	11 486.61	36.75
南区教学楼和学生宿舍	15 529	冷暖 + 热水	49.47	15.08	64.54	25 194.63	31.54
南区食堂	3040	冷暖	22.64	18.93	41.56	—	20.31
乒羽中心和击剑中心	2364	冷暖	51.00	38.20	89.20	—	43.58
幼儿园	4818	冷暖 + 热水	47.50	4.20	51.70	7026.25	25.26

3. 显著的节能减排表现

节能方面，通过 11 年的累计数据统计，冬季供暖总消耗电量为 3097 万千瓦 · 时，与电锅炉供暖相比，累计节电 9291 万千瓦 · 时，节省煤 30 659 吨。夏季制冷总消耗电量为 1127 万千瓦 · 时，比传统中央空调系统节电约为 226 万千瓦 · 时，累计节水 9197 吨（图 47）。

① 资料来源：根据相关资料测算而得。

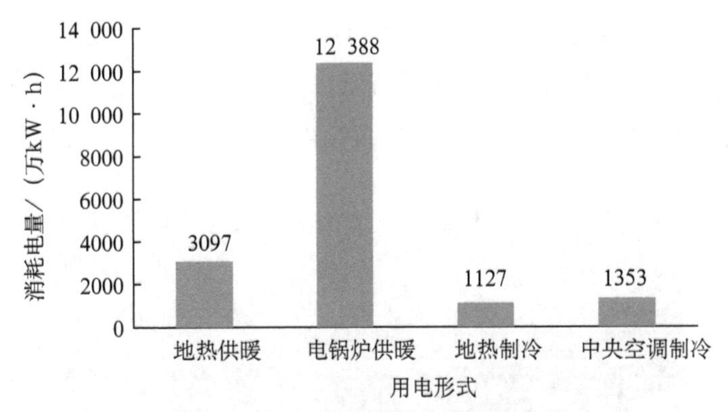

图 47　2002—2013 年节能效果表现

减排方面，与直接供暖锅炉比，节约消耗用煤 10 220 吨，减少排烟量 13 797 万标准立方米，减排二氧化碳超过 3 万吨，减排二氧化硫 242 吨，减排氮氧化物 174 吨，减排颗粒物 438 吨（表 23）。

表 23　2002—2013 年减排效果表现

可替代燃煤量 /t	减少排烟量 / 万标准立方米	减排 CO_2/t	减排 SO_2/t	减排氮氧化物 /t	减排颗粒物 /t
10 220	13 797	30 282	242	174	438

（三）综合型场馆应用场景——国家行政学院港澳培训中心

综合型场馆中往往承担比其他单一场馆更多的功能，因此在用能需求方面就会存在形式复杂、环境多样等特点。

专栏 6　国家行政学院港澳培训中心基本概况一览

总占地面积 2.16 万平方米。

建筑面积 43 219 平方米。

拥有包括教学培训区、餐饮区、学员宿舍区、羽毛球馆、篮球馆、乒乓球馆、网球馆、台球室、健身房和地下停车场等多种设施。

国家行政学院港澳培训中心（图 48）的用能需求特点是冷热需求较多且用能形式复杂。培训楼及综合体育馆需要冬季正常供暖、夏季正常制冷，并且还需要提供 24 小时生活热水，综合体育馆内的游泳池还需进行维温供热。

图 48　国家行政学院港澳培训中心

1. 较高的经济性

国家行政学院港澳培训中心从 2012 年采用浅层地热能采暖系统后，每个供暖季的单位能耗稳定在 25 ～ 31 千瓦 · 时 / 平方米，夏季制冷的单位能耗则略高于 10 千瓦 · 时 / 平方米（表 24）。

表 24　2014—2017 年国家行政学院浅层地热能运用消耗表现情况

运行年份	总面积 /m^2	供暖		制冷	
		总能耗 /（kW · h）	单位能耗 /（kW · h/m^2）	总能耗 /（kW · h）	单位能耗 /（kW · h/m^2）
2014	43 000	1 181 072	27.47	517 472	12.03
2015		1 321 784	30.74	453 812	10.55
2016		1 085 508	25.24	431 420	10.03
2017		1 191 232	27.70	560 931	13.04

若按 0.93 元 / 千瓦 · 时的电价计算，国家行政学院港澳培训中心在每个供暖季的直接能耗成本为 22.85 元 / 平方米，远低于北京市 46 元 / 平方米的非居民供热价格。

2. 良好的环境效益

国家行政学院港澳培训中心每个采暖季可节约 422.58 吨标准煤，减排二氧化碳约 1066 吨，并可减少数以吨计的二氧化硫、氮氧化物及其他有害污染源（表 25）。

表 25　应用浅层地热能一个供暖季后的节能减排效果 ①

类别	可节约燃料量 / 吨标准煤	减排二氧化碳 /t	减排二氧化硫 /t	减排氮氧化物 /t	减排颗粒物 /t	减少排烟量 /10^6 m^3
效果	422.58	1066.24	9.92	6.57	18.10	5.66

在供暖季，根据室外环境温度，各建筑室内温度可以在 18 ～ 26 ℃随意调节，分别满足冬季和夏季对舒适度的要求。生活热水系统出水温度设置为 45 ～ 50 ℃，24 小时不间断供热水。泳池加热，24 小时恒温 28 ～ 29 ℃。

3. 有针对性的技术创新

基于国家行政学院港澳培训中心的外部条件及复杂需求，采用了新型工艺，使常规钻井一个月的周期缩短为 10 小时，出水量达 50 立方米 / 小时，单井获取免费地能达 350 千瓦 · 时以上，将工期由常规的数个月缩短至十几天（图 49）。

① 资料来源：根据相关资料测算而得。

图 49　地能采集井埋藏处

（四）居民区应用场景——北京四季香山住宅小区

居民区主要是指在城市中具有一定规模且人口密集度较为集中的居住地，普遍具有利用时间长、使用面积大、覆盖人口广泛等特点。大型综合居民区往往还建有相关配套设施，如学校、医院、市场等。因此，针对居民区的用能系统设置需要综合考量其特点和具体用途。

专栏 7　北京四季香山住宅小区基本概况一览

 占地面积 23.41 万平方米。

 总建筑面积 17.22 万平方米。

分为南区和北区两部分。北区为住宅区，南区为别墅区。住宅区共计 20 栋建筑，其中普通住宅约 8 万平方米，共 15 栋建筑，含 508 户住宅。

北京四季香山住宅小区北区于 2004 年 10 月采用集中的单井循环地能采集技术，开发浅层地热能作为小区冷热源进行冬季供暖、夏季制冷、日常提供生活热水。

1. 经济的运行成本

北京四季香山住宅小区的浅层地热能设备目前已运行10个采暖、制冷季，通过持续性监测实际发生的采暖、制冷用电统计记录显示，建筑采暖费用不超过24元/平方米，空调制冷费用不超过10元/平方米，远低于其他空调采暖方式（表26）。

表26　北京四季香山住宅小区运行费用

每平方米冬季采暖用电量	每平方米夏季制冷用电量	每千瓦·时电价	每平方米采暖费用	每平方米运行及维护成本	每平方米实际区域供暖成本
33 kW · h	15 kW · h	0.5元	16.5元	5元	21.5元

2. 灵活的系统设计

居民住宅作为居民区的主要组成单位，此应用场景下的地能利用设备应灵活考虑住宅中不同功能区所需具备的多种需求进行设计。

北京四季香山住宅小区的浅层地热能应用工程采用可灵活布置的风机盘管系统，其供暖、制冷运行温度可以实现与热泵系统冬夏季供水水温匹配，并且风机盘管系统较容易与建筑装修配合，卧室等部分噪声要求较高的房间考虑将风盘设置在房间外向室内送风，卫生间内空气湿度较大且多为负荷较小的建筑内区，因此不适宜采用风机盘管设备，而采用设置铜铝散热器的方案（表27）。

表27　北京四季香山住宅小区采用浅层地热能设备的室内空调设计参数

建筑性质	夏季		冬季	
	温度/℃	相对湿度	温度/℃	相对湿度
卧室	26	<60	20	—
客厅	26	<60	20	—
卫生间	28	<60	20	—

3. 突出的环保性

北京四季香山住宅小区所处地区地下水文地质条件较好，地层以砂卵石为主，间含砂土、粗沙、中沙、细沙等，地下水含量丰富，静水位埋深为20～25米，含水层厚度多在30米以上。因此，针对此特点，因地制宜采用单井循环地能采集技术系统，抽取地下水作为介质并在获取地能的冷热量后，井水实现全部回灌，从而不会对地下水产生污染，系统运行过程中无任何污染物排放，环保性显著。

八、面临的问题

（一）社会对浅层地热能供暖的认知度较低

从国际上看，自20世纪四五十年代开始，许多发达国家就开始利用浅层地热能供暖，中国则是从21世纪初开始尝试利用浅层地热能供暖。由于利用浅层地热能供暖推广时间较短，加之浅层地热能是专业性较高、相对小众化的清洁能源，因此，在全国城乡建设中，浅层地热能技术的应用规模仍微不足道，对这种无燃烧供热技术的认知度不高。目前，人们对于供暖的认识尚停留在“燃烧产生热量”的阶段，对无燃烧过程、能源品位低的浅层地热能供暖仍持怀疑态度。

根据我们的调研发现，在中国不仅是居民不了解浅层地热能的综合利用价值和产业化开发利用的意义，包括开发商，甚至很多主管清洁供暖的政府部门对此也认知不足。

首先从政府方面，作为应对雾霾困扰的措施，各地政府仅停留在“煤改气”“优质煤替换劣质煤”等燃烧供热层面，而不知（或不愿）采用无燃烧供热技术来开发浅层地热能，甚至认为采用该技术会污染地下水源或带来地质灾害，反而对开发浅层地热能采取限制的行政措施；在各地城乡建设中只有建设规划，缺少或甚至没有供暖的能源规划，因此各地环保部门无法从城乡建设的第一关——环境评价入手进行评审，以致在各地城乡建设中仍然大量采用以煤炭、天然气为燃料的燃烧供暖方式。而且部分具备地热供暖条件的区域，由于对浅层地热能供暖“不放心”，在全国“气荒”加剧的情况下，仍然优先考虑选用燃气和电力供暖。例如，北京市在2017年“煤改清洁能源”招标中，很多区都未将利用浅层地热能供暖的地源热泵项目列入其中。

其次，由于浅层地热能供暖的示范项目比较少，难以给居民所谓“眼见为实”的案例，使他们没有机会得到对浅层地热能供暖使用效果的体验。

还有，一些开发商对浅层地热能源的特点认识不清，也使得浅层地热能源得不到合理开发和有效保护，在后续开发利用中容易造成资源浪费和环境地质问题的发生。

总之，目前对浅层地热能源和地热产业缺乏科学的认识导致将地热混同于一般的矿产资源或水资源。因此，一些浅层地热能源丰富的地区难以把浅层地热能源优势与经济发展、生态环境和社会进步相结合，建立有自己特色的地热产业，使宝贵的浅层地热能源的开发停留在低层次、低效益的水平上。

（二）相关产业基础薄弱，缺乏各层次的支持和系统性布局

中国浅层地热能源开发产业的基础薄弱，不仅缺乏科学指导、资金支持和环境影响评价，还缺乏系统性布局。

第一，国外浅层地热能源产业通常有 20 ～ 30 年的技术积累和相关企业发展的经验。而中国浅层地热能源产业缺乏完整的产业链条，除了技术研发滞后之外，在设计、关键设备制造及原材料供应等方面也存在着严重的发展瓶颈。

第二，浅层地热能源的开发缺乏科学指导，导致利用率低，综合效益不够显著，资源的浪费现象比较严重，严重影响其可持续利用。部分地区地热井过于集中，过量开采现象严重，只采不补，造成地热水位、水温持续下降，严重影响浅层地热能源的可持续利用，局部地区还出现地面沉降等问题。根据天津塘沽、大港的监测资料，地热开采造成的地面沉降为 6 ～ 10 毫米 / 年。

第三，建设地下水换热系统，需要避免不同含水层之间的水质交叉污染、热污染等问题。因此，在建设地下水井时应避开地下水水源地保护区和地下水严重污染的区域。然而，目前在建的浅层地热能供暖系统大多数没有开展地热能资源勘查和环境影响评价，从而造成能源利用效率不高，部分浅层地热能利用系统工程出现了明显的环境安全隐患。

第四，推广浅层地热能的利用是一项系统工程，涉及能量的采集、提升和

释放3个过程。其中，采集浅层地热能需要适当的空地构建一定深度的地下水井或地埋管，然后通过热泵将水升高到一定温度并且提升到地面。完整的系统工程造价在300～400元/平方米，即100平方米的房屋使用浅层地热能供暖的前期投入在3万～4万元，即所需一次性投入相对较大。

通过对20世纪末投入使用的浅层地热能供暖系统调研显示，浅层地热能供暖的系统使用寿命一般在20～30年，且运行相对稳定。从全周期经济核算角度来看，与天然气、蓄能式电暖器、空气源热泵等供暖方式相比，利用浅层地热能供暖的单位供暖面积价格仍然具有比较优势。在农村地区，地热利用规模小，效益小，开发综合利用率低。通过示范点发挥农村能源的综合效益，辐射带动周边农户，可激发农村居民能源建设的热情，但是由于资金的缺乏，大规模开发利用的动能不足。

（三）不重视相关基础研究与技术研发，创新能力薄弱

中国浅层地热能技术开发起步较晚、水平较低，缺乏大规模发展所需的技术基础，缺乏强有力的技术研究支撑平台，难以支持科技基础研究和提供公共技术服务；缺少统一的浅层地热能源信息系统，管理手段落后，信息反馈不灵，管理自动化和信息化程度较低，急需建立全国性的浅层地热能源信息数据库和管理系统，为科学规划与指导中国浅层地热能源勘查开发有序发展提供基础资料。由于浅层地热能基础研究较薄弱，创新性、基础性研究工作开展较少，因此中国浅层地热能技术发展路线和长期发展思路缺乏较清晰的连续、滚动的研发投入计划。用于研发的资金支持明显不足，导致专业人才的培养方面投入过少。

特别是相关浅层地热能源的财政支持多集中在生产和消费环节，不重视基础研究与技术开发，中国拥有自主知识产权不多，示范项目较少，且示范技术单一，作用有限，导致示范工程项目推广力度有限，产业化、商品化程度低，尚未形成独立的产业。

（四）缺乏共识是首要障碍

地热资源的勘探、开发和利用是具有高投入、高风险和知识密集的新兴产

业。如果对发展这类产业的意义、所面临的挑战认识不足，缺乏发展所需的保障条件及化解风险的机制等，将会影响投资者和开发者的信心，不利于营造营商环境、促进地热能产业发展。

目前，中国专业开发利用浅层地热能用于供暖的企业数量仍然较少，其中具有一定规模和创新能力的企业更少。而且，开发利用浅层地热能供暖的企业的区域分布也存在明显非均衡性，相关企业及项目多数集中于京津冀地区，而东北地区和西北地区的相关项目和企业数量则相对较少。

以城市供暖市场为例，浅层地热能供暖发展因场地硬环境的限制遭到阻碍。目前，采集浅层地热能最常用的方式是地下水井方式和地埋管方式。这两种方式都需要较大的场地，较适宜在空地多、建筑密度小的区域建设。而城市建筑的密度相对较大，建筑周边的空地相对较少，这就使得利用地下水方式或地埋管方式采集浅层地热能变得十分困难，尤其是地埋管方式，在城市中心地区很难实施。

再以农村供暖市场为例，浅层地热能供暖发展则主要受到营商软环境的制约，市场保障机制还不够完善。长期以来，中国农村地热能发展缺乏明确的发展目标，没有形成连续稳定的市场需求。虽然国家逐步加大了对其发展的支持力度，但由于没有建立起强制性的市场保障政策，无法形成稳定的市场需求，地热能的开发缺少持续的市场拉动，导致企业对于农村的兴趣度较低。其主要包括：一是农村居民受教育水平程度相对较低，环保意识相对较弱，对于新型供暖方式的接受度较差，因而地热能供暖项目难以推行；二是城市以集中供暖为主，供暖企业只需要寻求一个开发商合作，工作开展相对简单，单项工程盈利较高，而农村地区属于分散式供暖，供暖企业要与各家各户谈，工作量大，而且“一户一系统”的设计工程也大，单项工程盈利不高；三是与在城市施工相比，农村的交通运输费用也相对较高。因此，多数浅层地热能供暖企业对于农村项目的积极性不高，这也导致了北方农村地区开发利用浅层地热能供暖的企业服务不足。以北京市农村为例，2017 年参与农村“煤改清洁能源”的空气源热泵企业中标数达到 106 家，而中标的地源热泵企业仅有 10 家左右。

追其原因，我们对浅层地热能这种新能源的合理利用、产业化过程中所可能产生的问题（例如，中国的地下水污染很严重，抽出来的水再回灌进去，是否对水质产生影响；长期取浅层地热以后，对区域地热场是否有影响等）缺乏科普教育；不注意创造适合不同地区、不同模式的示范点，不利于形成从决策层、管理层到广大民众的共识。建立共识是在新兴产业发展中克服种种挑战的关键。

（五）对浅层地热能的开发利用缺乏统一政策和市场监管机制

目前，相关推进浅层地热能开发利用的政策跟不上能源发展形势的快速变化。

对浅层地热能源开发利用缺乏统一管理、统一的技术规范、质量认证标准和质量监督体系，相关的信息服务也没有及时跟进，整个市场处于无序状态，干扰了市场的开发；中国还没有出台一部适用于全国的地热法规，而地方的有关法规及配套的政策还不健全，有些地方实施的效率不高，执法不力。

对于能源垄断企业的责任、权利和义务没有明确的规定，缺乏产品质量检测认证体系，缺乏法律实施的报告、监督和自我完善体系。

能源体制和机制不能适应发展需要。浅层地热能源的规划、项目审批、专项资金安排、价格机制等缺乏统一的协调机制；对现有的整个能源系统在技术、管理和机制上需要进行多种创新。

由于受各种因素的制约，目前中国在地热勘查方面还基本处于“就热找热”阶段，真正经过系统勘查评价的地热田较少，开发阶段的评价更少，浅层地热能源动态监测和研究仅在极少数城市进行。这在很大程度上影响浅层地热能源的开发、利用及地热产业的发展。

还有，缺乏统一的勘查评价体系。中国目前对浅层地热能源的开发仅限于对已发现资源的开发，没有形成系统的勘查评价机构，致使浅层地热能源开发利用的社会、经济效益达不到预期的目标。

（六）开发利用浅层地热能供暖的补贴机制亟待完善

供暖是一项重要的民生工程，主要原则为“企业为主、政府推动、居民可承受”。因此，政府不但要在供暖市场采取补贴等措施，确保居民承担得起供暖消费，更要发挥市场配置资源的作用，使能源的价格可以反映该区域能源的供给情况及能源结构。然而，目前中国供暖市场的补贴机制不完善，地方政策的实施效果不明显，地热项目投资高，投资回收期长，都影响投资积极性；部分地区出台了一些财税补贴政策，但在地热开发利用过程中仍存在一些尚未解决的问题，无法引导社会积极采用浅层地热能供暖，政策法规亟须进一步完善和改进。

在推进北方农村地区“煤改清洁能源”工作中，政府补贴方式仍然比较单一，多数采用定额补贴，导致农村居民往往倾向于选择前期投入比较低的供暖方式，而初始投资相对较高，但性能稳定、运行成本低、节能效果好的浅层地热能供暖项目的开发利用不足。例如，在北京郊区农村“煤改清洁能源”项目中，主要采用政府补贴、农户选择、一次购买、安装使用的办法。虽然办法简单易行，容易为农民所接受，但也在很大程度上抑制了农民采用浅层地热能方式供暖的需求。

在城市供暖中，政府对供暖能源的补贴也有不足之处。目前主要是对天然气供暖进行补贴，增加了市场对天然气的依赖。这与中国“少气”的能源结构是冲突的，长期来看，不利于中国清洁取暖结构的调整与供暖市场机制的建立。当持续性的财政补贴或优惠政策取消时，相当一部分已经采用清洁取暖的用户的运行成本将大幅增加。

同时，在浅层地热能领域，政府对开发利用浅层地热能供暖的企业特别是民营企业的支持力度仍有待加强。目前，在支持企业开发利用浅层地热能供暖方面，政府资金和开发项目更偏向于大型国有能源企业，而这类大型国有能源企业的主营业务往往不是浅层地热能的开发利用，反而一些在浅层地热能供暖领域具有研发创新能力和丰富的农村地区推广经验的民营企业所获得的支持较少，影响了浅层地热能供暖产品和服务的供给。

九、推动措施

进入21世纪，随着世界能源价格的提升和公众环保意识的增强，采用浅层地热能供热技术的国家越来越多,它也被各国专家称之为最节能的单项技术。浅层地热能是低品位可再生能源，浅层地热能的采集和应用解决了人们生活中三大基本问题：供暖、制冷、生活热水，而且无污染、价格低廉，可替代高成本煤炭取暖，实现了经济、社会、环境效益的统一。

这一技术的产业化无疑带动了传统供热行业（有燃烧、有排放、有污染）向地能热冷一体化新兴产业（无燃烧、无排放、使用区域零污染）转换。而地能热冷一体化新兴产业是依靠产业发展，加速治理雾霾的最经济和有效的手段之一。中国北方地区有必要进一步加大浅层地热能供暖的推广应用力度。为此，本书提出以下措施和政策建议。

（一）加强顶层设计，完善保障体系

①明确政府“推进＋保障”的职能。北方供暖是一项重要的民生工程，各地政府应根据本地的实际情况，因地制宜，结合新型城镇化和乡村振兴等国家重大战略的实施，将“煤改清洁能源”工作纳入未来的“十四五”规划中，出台促进浅层地热能发展的指导文件，明确浅层地热能发展目标和发展任务，建立浅层地热能供暖区域工作协调推进机制，积极推进品质城市和美丽乡村的建设。

②完善产业保障体系。引导和规范浅层地热能市场发展，进一步健全浅层地热能利用技术开发、咨询评价、关键设备制造、工程建设、运营服务等产业体系。加强监督检查，对供暖保障、能效、环保、水资源管理保护、回灌等环节进行监管。

③应根据中国气候特点，分地区推进浅层地热能开发利用。例如，华北、中西部寒冷地区及华东夏热冬冷地区“四季分明”，应系统开展浅层地热能的调查和评价，探索适宜该区域的开发方式，为浅层地热能开发利用规划和管理提供科学依据。南方夏热冬暖地区、云贵高原气候温和地区以制冷为主；东北、西部严寒地区以供暖为主的地区，应进行深入研究和论证，加强不同开发方式和规模的试点和示范，总结经验和问题，做好开发利用经济性分析，慎重稳妥地推进浅层地热能开发利用。

④建立政府相关部门协调机制，规范浅层地热能开发利用管理。按照职责分工建立相互衔接、相互促进的协调机制。国土资源部门负责浅层地热能的调查（勘查）评价、监测、开发区划与规划及其相应资质管理；建设部门负责浅层地热能利用政策、工程设计、施工、运行标准的制定及其资质管理；水利部门负责取水和回灌许可；环保部门负责环境影响评价。各部门之间建立信息共享平台，实行定期沟通交流制度。

⑤对浅层地热能开发利用的相关政府管理部门明确监管责任，避免行政部门职能交叉。对浅层地热能的勘查评价、地源热泵工程建设单位实行市场准入制，确保浅层地热能开发利用的可持续性。对从业人员实行职业技术培训、持证上岗等制度。在地源热泵技术的检测认证、设计、施工和运行的认证体系、信息统计系统等方面制定实施标准。

⑥完善实施规划保障体系，统筹城乡浅层地热能供暖布局。结合北方供暖的现实情况，按照“集中供暖和分散供暖”相结合的思路，不管是在城市空间规划中，还是在新城新区的规划建设中，提前布局浅层地热能作为首选供暖能源，率先开展示范应用，而且在农村也要合理安排浅层地热能供暖项目，逐步提升浅层地热能供暖在北方地区的使用比例，优化城乡供暖用能结构。

（二）鼓励政策倾斜，强化财税支持

①支持供暖政策向浅层地热能倾斜。国内外研究和大量实际案例表明，在已有的清洁能源供暖方式中，浅层地热能供暖是电力负荷较低、可再生能源利用比例高、供暖温度保障度高、运行费用低的供暖模式，还在利用国家现有政

策所鼓励的技术。制定并实施有利于推广浅层地热能供暖的政策，鼓励浅层地热能供暖产业发展，支持浅层地热能供暖企业开发北方市场，重点鼓励和支持有实力的浅层地热能供暖民营企业做大做强。

②加大财政资金扶持。对实施浅层地热能供暖项目进行补贴，对山区农村等特殊区域适当增加补贴比例。综合考量浅层地热能供暖项目的前期投入和后期使用成本，探索“政府补贴、企业投入、大众参与”的成本分摊方式，形成政府可推动、企业有盈利、居民可承受的共赢局面。

③完善浅层地热能供暖项目的税收政策优惠。供暖在中国北方地区属于保障性措施，“企业为主、政府推动、居民可承受”是中国供暖市场的主要原则。供暖能源补贴应对所有清洁能源一视同仁，将浅层地热能供暖纳入供暖行业的支持范围，相关企业享受供热企业相应税收政策，由市场引导，建立北方城乡供暖新模式。

（三）加大研发力度，压缩前期成本

①加大浅层地热能的基础研究力度，增强原始创新、集成创新能力；提升企业自身研发能力，加大企业的研发投入。为成熟技术设立中期营运目标，为研发中的技术设立长期发展目标。为供暖设计不同的分期经济激励模型。鼓励以企业为主体，推进产学研合作，建立浅层地热能示范研究基地，创新浅层地热能的采集方式和利用方式，提升装备技术水平，提高浅层地热能的利用效率，进一步增强浅层地热能供暖系统的稳定性和可靠性。

②提升设备使用寿命。进一步推动浅层地热能利用设备创新升级，优化提升使用设备质量，保证热泵系统的运行寿命，保证单套机组的使用寿命，降低后期维护维修成本。

③压缩一次性投入成本。加大浅层地热能利用设备产业化生产力度，降低设备整体价格。同时合理用料，降低材料损耗量。在施工应用时，做好施工规划，加强进度监督和质量管理，合理降低施工成本。

（四）重视宣传推广，提升大众认知

①加强对城乡决策层的科普和培训。加强对北方城乡各级决策者的科普宣传，鼓励他们实地调研相关示范项目，学习经验，并定期举办学习交流会和经验分享会，增加对这些决策者的教育培训。

②鼓励实地示范宣传。鼓励浅层地热能供暖企业深入基层，建设浅层地热能供暖示范点，推广浅层地热能的使用方式及优势，让更多的居民通过实际案例了解浅层地热能供暖，通过口碑效应形成家家参与的良好氛围。

③建立多样化的推广机制。鼓励城乡各级主管部门积极通过居民大会、专题报道、项目路演等形式向居民宣传浅层地热能供暖方式，以形成显著示范效应和良好舆论导向。

④加强对居民和专业技术人员的培训。加强对专业技术人员的培训，每个片区配置 1 ～ 2 名专业的设备维护及维修人员，切实完善和解决后期维护问题。加强居民的安全教育培训及节能环保教育，增强经济意识，普及低碳理念。

（五）创新参与机制，提升生活品质

①增强企业社会责任意识，提高服务质量。企业要承担供暖主体责任，加强经营模式创新，不断提高产品和服务质量，提升用户满意度，推动绿色、节约、高效、协调、适用的北方地区清洁供暖体系的建立。

②完善居民参与机制。通过能源生态化转型来促进节能减排是一项复杂的系统工程，其有效运行离不开社会各界的支持和参与。按片区设立供暖小组，鼓励居民参与并监督供暖方式的规划、选址、施工、后期维护等全流程工作，定期收集并整合其需求和反馈，并明确规定解决时限，不断提升浅层地热能供暖的服务水平和质量。

（六）实施互联网 + 地热战略，实现资源共享

①利用互联网、云计算、大数据、人工智能等现代信息技术，为科学开发利用浅层地热资源，整合各种地质调查资料，建立公共浅层地热能利用地质条

件信息大数据共享与管理平台，为科学规划与指导浅层地热能开发利用提供技术和数据支撑。

②重视监测网络建设，为浅层地热能合理开发利用提供基础支撑。对浅层地热能开发利用规模较大的城市，依托地下水监测网，建设省级区域性地热监测网。对代表性的浅层地热能开发利用工程，建立地热和地下水等要素的示范性监测网，作为浅层地热能合理开发利用研究与监测新技术方法应用的基地。

③推进地热资源评估，加速地热能开发，建设公共数据库，加强与居民健康、安全和环境相关问题的管理，确保长期生产能力。

（七）探索模式创新，推动产业发展

①鼓励向合同能源管理模式过渡。目前，中国地源热泵项目主要的运营模式为工程总承包模式，由业主对系统进行招标，选定承包商，由承包商负责设计、采购、安装、调试等，承包商最后给业主完成一个交钥匙工程。在整个建筑交付使用后，业主一般委托物业或者专业服务公司进行日常运营维护管理。随着市场竞争的加剧，承包商利润空间逐步减小，为了提高自身系统产品的市场竞争力，同时提高自身盈利能力，某些具有一定资金和实力的企业开始主动转换角色，承担地源热泵项目的融资、投资、设计、建设、运营维护、收费等全部任务，即向合同能源管理模式过渡，集热力供应利益和风险于一身，这将是未来中国地源热泵项目的主导运营模式。

②探索绿色金融新模式。浅层地热能项目是资本密集型项目。目前，国内外投资环境并不好，尤其是对社会及个人投资的激励不足。应鼓励投资主体针对相关项目发行绿色债券，同时鼓励各相关机构和企业创新金融产品和融资模式以支持浅层地热能的开发利用。但具体情况需要具体分析，此类项目是能源发展的未来趋势并可创造大量就业，因此，公共资金应当介入此类项目。同时，相关政策及资金支持应该在形式、体量和时期上更加灵活，以适应地热项目种类繁多、各自情况不同的特点。

附录 1　国内外相关政策清单

一、国内政策

（一）国家层次

《中华人民共和国可再生能源法》

《国家中长期科学和技术发展规划纲要（2006—2020 年）》

《关于促进地热能开发利用的指导意见》

《能源发展战略行动计划（2014—2020 年）》

《能源技术创新“十三五”规划》

《可再生能源发展“十三五”规划》

《地热能开发利用“十三五”规划》

《关于进一步加强地热、矿泉水资源管理的通知》

《地源热泵系统工程技术规范》

《国务院关于加强节能工作的决定》

《关于推进可再生能源在建筑中应用的实施意见》

《节能减排综合性工作方案》

《中国应对气候变化国家方案》

《可再生能源中长期发展规划》

《关于大力推进浅层地热能开发利用的通知》

《北方地区冬季清洁取暖规划（2017—2021 年）》

（二）地方层次

1. 北京

《北京市地热资源管理办法》

《北京市供热采暖管理办法》

《村庄住户户内取暖系统设计工作细则》

《清洁能源取暖设备抽样检测工作细则》

《清洁取暖设备安装调试与验收工作细则》

《2017 年北京市农村地区村庄冬季清洁取暖工作方案》

《北京市 2017 年农村地区村庄冬季清洁取暖工作推进指导意见》

《2018 年北京市农村地区村庄冬季清洁取暖工作方案》

《北京市地热资源 2006—2020 年可持续利用规划》

《北京市“十三五”时期民用建筑节能发展规划》

《北京市 2013—2017 年清洁空气行动计划》

《关于印发进一步加快热泵系统应用　推动清洁供暖实施意见的通知》

《北京市中心热网热源余热利用工作方案（2018—2021 年）》

《北京市居民住宅清洁能源分户自采暖补贴暂行办法》

《北京市“十三五”时期节能低碳和循环经济全民行动计划》

《北京市“十三五”时期重大基础设施发展规划》

《“十三五”时期新能源和可再生能源发展规划》

《北京市推动超低能耗建筑发展行动计划（2016—2018 年）》

《北京绿色制造实施方案》

《北京市“十三五”时期环境保护和生态建设规划》

《关于怀柔区 2017 年农村地区煤改清洁能源及优质燃煤替代等工程实施方案的通知》

《关于征集北京市“十三五”时期新能源和可再生能源项目、课题、标准和新技术的通知》

《关于进一步加快远郊新城集中供热中心清洁能源改造工作的通知》

《关于北京市密云区城东北热源厂煤改气烟气余热热泵工程资金申请报告

的批复》

《关于〈北京市城镇居民“煤改电”、“煤改气”相关政策的意见〉相关事项补充规定的函》

《朝阳区节能减碳专项资金管理办法》

《关于进一步加大煤改清洁能源项目支持力度的通知》

《关于印发大气污染防治等专项责任清单的通知》

《2016年北京市农村地区村庄“煤改清洁能源”和“减煤换煤”工作方案》

《关于加大煤改清洁能源政策支持力度的通知》

《关于进一步明确煤改地源热泵项目支持政策的通知》

《北京市“十三五”时期节能降耗及应对气候变化规划》

2. 天津

《天津市居民冬季清洁取暖工作方案》

《天津市供热用热条例》

《天津市冬季清洁取暖试点城市中央财政奖补资金分配方案》

《关于印发天津市地热开发利用方案编制和 审查管理办法的通知》

《天津市地热资源管理实施办法》

《天津市矿产资源管理条例》

3. 黑龙江

《关于加强黑龙江省地热能供暖管理的指导意见》

《黑龙江省城市供热条例》

《关于推进全省城镇清洁供暖的实施意见》

《黑龙江省打赢蓝天保卫战三年行动计划》

《哈尔滨市人民政府关于对市区西南部区域内实行集中供热的通告》

4. 吉林省

《吉林省“十三五”节能减排综合实施方案》

《关于推进电能清洁供暖的实施意见》

《吉林市城区供热管理条例》

《关于进一步明确蓄热式电锅炉企业执行电采暖用电价格政策范围的通知》

《关于进一步明确我省清洁供暖价格政策有关问题的通知》

5. 辽宁省

《2018 年辽宁省公共机构节约能源资源工作要点》

《辽宁省推进全省清洁取暖三年滚动计划（2018—2020 年）》

《辽宁省污染防治与生态建设和保护攻坚行动计划（2017—2020 年）》

《辽宁省“十三五”节能减排综合工作实施方案》

《辽宁省污染防治攻坚战三年专项行动方案（2018—2020 年）》

《沈阳市民用建筑供热用热管理条例》

《锦州市清洁取暖实施方案（2018—2021 年）》

《抚顺市“十三五”节能减排综合工作实施方案》

《盘锦市“十三五”控制温室气体排放工作方案》

《关于 2016 年淘汰我市建成区 10 吨及以下燃煤供暖锅炉工作的实施意见》(丹东市)

《鞍山市城市供热管理办法》

《辽阳市建成区燃煤锅炉综合整治实施方案》

《阜新市煤改电供暖工作实施方案》

6. 山东省

《山东省供热条例》

《山东省地热资源勘查与开发利用中长期规划（2017—2025 年）》

《山东省新能源和可再生能源中长期发展规划（2016—2030 年）》

《山东省 2018—2020 年煤炭消费减量替代工作方案》

《山东省打赢蓝天保卫战作战方案暨 2013—2020 年大气污染防治规划三期行动计划（2018—2020 年）》

《济南市 2018—2020 年煤炭消费减量替代工作方案》

《威海市 2018 年农村供暖工作实施方案》

《青岛市清洁能源供热专项规划（2014—2020 年）》

《青岛市加快清洁能源供热发展的若干政策》

7. 河北省

《关于进一步加强城市供热专项规划修编工作的通知》

《河北省“十三五”控制温室气体排放工作实施方案》

《河北省“十三五”住房城乡建设科技重点攻关技术需求目录》

《河北省建筑节能与绿色建筑发展“十三五”规划》

《2017 年全省建筑节能与科技工作要点》

《河北省住房城乡建设科技创新“十三五”专项规划》

《河北省城镇供热“十三五”规划》

《河北省节能“十三五”规划》

《河北省发展和改革委员会关于清洁供暖有关价格政策的通知》

《石家庄市散煤压减替代规划（2017—2019 年）》

《磁县 2017 年地热井专项清理整治方案》

《关于确定集中供热相关收费标准的通知》（沧州市盐山县）

《2017 年沧州市清洁能源供暖（气、电代煤）攻坚行动实施办法》

《关于加快推进新增建筑电能供暖的意见》（石家庄市）

《石家庄市主城区 2018 年供热保障实施方案》

《关于进一步推进全市燃煤锅炉节能提升改造工作的通知》（唐山市）

《关于加快推进“电供暖”工作的通知》（张家口市）

8. 河南省

《河南省集中供热管理试行办法》

《关于开展地热能清洁供暖规模化利用试点工作的通知》

《关于组织开展河南省全民节能行动的通知》

《关于开展地热能清洁供暖规模化利用试点工作的通知》

《河南省 2018 年大气污染防治攻坚战实施方案》

《河南省“十三五”煤炭消费总量控制工作方案》

《河南省 2018 年电代煤、气代煤供暖工作方案》

《河南省 2017 年加快推进供热供暖实施方案》

《河南省推进能源业转型发展方案》

《河南省“十三五”可再生能源发展规划》

《关于进一步推进散煤治理工作的通知》（郑州市）

《郑州市清洁取暖试点城市建设工作方案（2017—2020 年）》

《郑州市清洁取暖试点城市示范项目资金奖补政策》

《洛阳市 2019 年大气污染防治攻坚战实施方案》

《新乡市 2017 年持续打好打赢大气污染防治攻坚战行动方案》

《新乡市 2017 年加快推进供热供暖实施方案》

《新乡市 2017 年加快推进产业集聚区集中供热实施方案》

《登封市散煤治理工作方案》

《开封市集中供热管理办法》

《南阳市 2017 年加快推进供热供暖实施方案》

《许昌市“十三五”控制温室气体排放工作实施方案》

9. 陕西省

《关于发展地热能供热的实施意见》

《2018 年建筑节能领域“铁腕治霾 · 保卫蓝天”工作实施方案》

《关于印发四大保卫战 2019 年工作方案的通知》

《陕西省清洁供暖价格政策实施意见》

《陕西省冬季清洁取暖实施方案（2017—2021 年）》

《咸阳市冬季清洁取暖试点城市实施方案》

10. 山西省

《山西省“十三五”战略性新兴产业发展规划》

《山西省“十三五”环境保护规划》

《山西省“十三五”控制温室气体排放规划》

《山西省“十三五”节能环保产业发展规划》

《关于进一步控制燃煤污染改善空气质量的通知》

《山西省“十三五”全民节能行动计划》

《山西省“十三五”新能源产业发展规划》

《山西省住房和城乡建设厅 2018 年建筑节能与科技工作要点》

《山西省冬季清洁取暖实施方案》

《关于全面加快城市集中供热建设推进冬季清洁取暖的实施意见》

《山西省大气污染防治 2017 年行动计划》

《太原市农村地区清洁供暖工作方案》

《关于减少燃煤总量推进大气环境改善的若干政策意见》（太原市）

《太原市进一步控制燃煤污染改善空气质量实施方案》

《太原市大气污染防治 2017 年行动计划》

《太原市 2017 年散煤治理暨冬季清洁取暖实施方案》

11. 云南省

《云南省“十三五”节能减排综合工作方案》

《云南省地热水资源管理条例》

12. 安徽省

《安徽省能源发展“十三五”规划》

13. 江苏省

《江苏省打赢蓝天保卫战三年行动计划实施方案》

《江苏省“十三五”节能减排综合实施方案》

14. 江西省

《江西省建筑节能与绿色建筑发展“十三五”规划》

15. 宁夏回族自治区

《宁夏回族自治区能源发展“十三五”规划》

《银川市城市供热条例》

16. 湖北省

《湖北省“十三五”节能减排综合工作方案》

17. 浙江省

《浙江省 2017 年大气污染防治实施计划》

《宁波市集中供热管理办法》

二、国际政策

《地热蒸汽法》（美国）

《复苏和再投资法案》（美国）

《地热生产扩张法案》（美国）

《地热能源法》（美国）

《能源税法案》（美国）
《地热能源研究、开发和示范法》（美国）
《地热法》（印度尼西亚）
《温泉法》（日本）
《新能源利用特别措施法》（日本）
《可再生能源法案》（德国）
《家庭使用可再生能源补助计划》（德国）
《能源转型法案》（法国）
《自然资源保护法案》（冰岛）
《资源管理法》（新西兰）
《希腊地热资源开发法》（希腊）
《能源促进条例》（瑞士）
《能源战略 2050》（瑞士）

附录2　重要政策说明

关于促进地热能开发利用的指导意见

地热能是清洁环保的新型可再生能源，资源储量大、分布广，发展前景广阔，市场潜力巨大。积极开发利用地热能对缓解中国能源资源压力、实现非化石能源目标、推进能源生产和消费革命、促进生态文明建设具有重要的现实意义和长远的战略意义。为促进中国地热能开发利用，现提出以下意见。

一、指导思想和目标

（一）指导思想

高举中国特色社会主义伟大旗帜，深入贯彻落实党的十八大精神，以邓小平理论、“三个代表”重要思想和科学发展观为指导，以调整能源结构、增加可再生能源供应、减少温室气体排放、实现可持续发展为目标，大力推进地热能技术进步，积极培育地热能开发利用市场，按照技术先进、环境友好、经济可行的总体要求，全面促进地热能资源的合理有效利用。

（二）基本原则

政府引导，市场推动。编制全国和地区地热能开发利用规划，明确地热能开发利用布局，培育持续稳定的地热能利用市场，建立有利于地热能发展的政策框架，引导地热能利用技术进步和产业发展。充分发挥市场配置资源的基础性作用，建立产学研相结合的技术创新体系，鼓励各类投资主体参与地热能开发，营造公平市场环境，提高地热能利用的市场竞争力。

因地制宜，多元发展。根据地热能资源特点和当地用能需要，因地制宜开展浅层地热能、中层地热能和深层地热能的开发利用。结合各地地热资源特性及各类地热能利用技术特点，开展地热能发电、地热能供暖及地热能发电、供暖与制冷等多种形式的综合利用，鼓励地热能与其他化石能源的联合开发利用，提高地热能开发利用效率和替代传统化石能源的比例。

加强监管，保护环境。坚持地热能资源开发与环境保护并重，加强地热能资源开发利用全过程的管理，完善地热能资源开发利用技术标准，建立地热能资源勘查与评价、项目开发与评估、环境监测与管理体系，提高地热能开发利用的科学性。严格地热能利用的环境监管，建立地热能开发利用环境影响评估机制，加强对地质资源、水资源和环境影响的监测与评价，促进地热能资源的永续利用。

（三）主要目标

到 2015 年，基本查清全国地热能资源情况和分布特点，建立国家地热能资源数据和信息服务体系。全国地热供暖面积达到 5 亿平方米，地热发电装机容量达到 10 万千瓦，地热能年利用量达到 2000 万吨标准煤，形成地热能资源评价、开发利用技术、关键设备制造、产业服务等比较完整的产业体系。

到 2020 年，地热能开发利用量达到 5000 万吨标准煤，形成完善的地热能开发利用技术和产业体系。

二、重点任务和布局

（四）开展地热能资源详查与评价。按照“政府引导、企业参与”的原则开展全国地热能资源详查和评价，用 2 ～ 3 年的时间完成浅层地热能、中深层地热能资源的普查勘探和资源评价工作，提高资源勘查精准程度，规范地热能资源勘查评价方法，摸清地热能资源的地区分布和可开发利用潜力，建立地热能资源信息监测系统，提高地热能资源开发利用的保障能力。

（五）加大关键技术研发力度。建立产学研相结合的技术创新体系，依托有实力的科研院所建立国家地热开发利用研发中心，加强地热能利用关键技术研发。鼓励有条件的企业重点对地热能资源评价技术、地热发电技术、高效率换热（制冷）工质、中高温热泵压缩机、高性能管网材料、尾水回灌和水处理、矿物质提取等关键技术进行联合攻关。依托地热能利用示范项目，加快地热能利用关键技术产业化进程，形成对中国地热能开发利用强有力的产业支撑。

（六）积极推广浅层地热能开发利用。在做好环境保护的前提下，促进浅层地热能的规模化应用。在资源条件适宜地区，优先发展再生水源热泵（含污水、工业废水等），积极发展土壤源、地表水源（含江、河、湖泊等）热泵，适度发展地下水源热泵，提高浅层地温能在城镇建筑用能中的比例。重点在地热能资源丰富、建筑利用条件优越、建筑用能需求旺盛的地区，规模化推广利用浅层地温能。鼓励具备应用条件的城镇新建建筑或既有建筑节能改造中，同步推广应用热泵系统，鼓励政府投资的公益性建筑及大型公共建筑优先采用热泵系统，鼓励既有燃煤、燃油锅炉供热制冷等传统能源系统，改用热泵系统或与热泵系统复合应用。

（七）加快推进中深层地热能综合利用。按照"综合利用、持续开发"的原则加快中深层地热能资源开发利用。在资源条件具备的地区，在城市能源和供热、建设和改造规划中优先利用地热能。鼓励开展中深层地热能的梯级利用，建立中深层地热能供暖与发电、供暖与制冷等多种形式的综合利用模式。鼓励开展地下水资源所含矿物资源的综合利用，有条件的地区鼓励开展油田废弃井地热能的利用。通过中深层地热能的规模化利用，提高中深层地热能的市场竞争力，探索适合地热能开发利用的商业化投资经营模式。

（八）积极开展深层地热发电试验示范。积极开展深层高温地热发电项目示范，重点在青藏铁路沿线、西藏、云南或四川西部等高温地热资源分布地区，在保护好生态环境的条件下，以满足当地用电需要为目的，新建若干万千瓦级高温地热发电项目，对西藏羊八井地热电站进行技术升级改造。同时，密切跟踪国际增强型地热发电技术动态和发展趋势，开展增强型地热发电试验项目的可行性研究工作，初步确定项目场址并开展必要的前期勘探工作，为后期开展增强型地热发电试验项目奠定基础。

（九）创建中深层地热能利用示范区。结合中深层地热能资源分布特点和当地用能需要，在华北、东北、西北、华中、西南等重点地区和东部油田，引导创建技术先进、管理规范、效果显著的中深层地热能集中利用示范区。每个示范区地热能利用技术均具有一定的先进性，且累计地热能建筑供暖或制冷面积达到一定规模。通过地热能的集中利用示范和规模化利用，探索有利于地热能开发利用的新型能量管理技术和市场运营模式，促进地热能利用技术升级和成本下降，增强地热能的市场竞争力，提高清洁能源在城市用能中的比重。

（十）完善地热能产业服务体系。围绕地热能开发利用产业链、标准规范、人才培养和服务体系等，完善地热能产业体系。完善地热能资源勘探、钻井、抽井、回灌的标准规范，制定地热发电、建筑供热制冷及综合利用工程的总体设计、建设及运营的标准规范。加强地热能利用设备的检测和认证，建立地热能开发利用信息监测体系，完善地热能资源和利用的信息统计，加大地热能利用相关人才培养力度，积极推进地热能利用的国际合作。

三、加强地热能开发利用管理

（十一）加强地热能行业管理。按照《可再生能源法》《可再生能源发展“十二五”规划》等相关法律和规划，开展地热能开发利用的中长期规划工作，地方根据全国地热能开发利用规划制定并实施本地区地热能开发利用规划。各有关部门在各自的职责范围内，加强对地热能开发利用的行业管理。

（十二）严格地热能利用的环境监管。地热能资源的开发应坚持“资源落实、永续利用”的原则，应根据地热能资源的规模和特点合理稳定开采，实现地热能的永续利用。采用抽取地下水进行地热能利用的，原则上均应采用回灌技术，抽灌井分别安装水表并实现水量实时在线监测，定期对回灌水进行取样送检并记录在案。如因自然条件无法实施回灌的项目，应重点解决好地下水的二次污染问题，水质处理达标后才可排放或利用。地热尾水经过处理达到农田灌溉用水或城市生活用水标准的，相关部门应按照有关政策优先采用。各相关部门应加强对地质资源、水资源的监测与评价，对擅自进行地热井抽灌施工或未按标准进行抽灌施工的单位，由相关部门按照有关规定处理。

四、政策措施

（十三）加强规划引导。国家能源局根据可再生能源发展规划，会同国土资源部、住房和城乡建设部等有关部门编制地热能开发利用总体规划。各省级能源主管部门会同国土资源、住房和建设等有关部门制定本地区地热能开发利用规划，统筹开展地热能开发利用。各相关主管部门在各自的职能范围内，制定与地热能利用相关的专项规划，并实施相关工作。

（十四）完善价格财税扶持政策。按照可再生能源有关政策，中央财政重点支持地热能资源勘查与评估、地热能供热制冷项目、发电和综合利用示范项目。按照可再生能源电价附加政策要求，对地热发电商业化运行项目给予电价补贴政策。通过合同能源管理实施的地热能利用项目，可按现行税收法律法规的有关规定享受相关税收优惠政策。利用地热能供暖制冷的项目运行电价参照居民用电价格执行。采用地热能供暖（制冷）的企业可参照清洁能源锅炉采暖价格收取采暖费。鼓励各省、区、市结合实际出台具体支持政策。

（十五）建立市场保障机制。地热利用比较集中的城镇可编制以地热利用为主的新能源发展规划，完善地热能利用市场保障机制。鼓励专业化服务公司从事地热利用建设运营服务。电网企业要按照国家关于可再生能源电力保障性收购的要求，落实全额保障性收购地热发电量义务。

各有关部门、各级地方政府和相关企业要高度重视发展地热能的重大意义，认真贯彻《可再生能源法》，积极推进地热能开发利用工作，促进地热能产业健康有序发展。

关于加快浅层地热能开发利用促进北方采暖地区燃煤减量替代的通知

近年来，一些地区积极发展浅层地热能供热（冷）一体化服务，在减少燃煤消耗、提高区域能源利用效率等方面取得明显成效。为贯彻落实《国务院关于印发大气污染防治行动计划的通知》（国发〔2013〕37 号）、《国务院关于印发“十三五”节能减排综合工作方案的通知》（国发〔2016〕74 号）、《国务院关于印发“十三五”生态环境保护规划的通知》（国发〔2016〕65 号）及国家发展改革委等部门《关于印发〈重点地区煤炭消费减量替代管理暂行办法〉的通知》（发改环资〔2014〕2984 号）和《关于推进北方采暖地区城镇清洁供暖的指导意见》（建城〔2017〕196 号），因地制宜加快推进浅层地热能开发利用，推进北方采暖地区居民供热等领域燃煤减量替代，提高区域供热（冷）能源利用效率和清洁化水平，改善空气环境质量，现提出以下意见。

一、总体要求

（一）指导思想

全面贯彻落实党的十九大精神，认真学习贯彻习近平新时代中国特色社会主义思想，落实新发展理念，按照“企业为主、政府推动、居民可承受”方针，统筹运用相关政策，支持和规范浅层地热能开发利用，提升居民供暖清洁化水平，改善空气环境质量。

（二）基本原则

浅层地热能（亦称地温能）指自然界江、河、湖、海等地表水源、污水（再生水）源及地表以下 200 米以内、温度低于 25 摄氏度的岩土体和地下水中的低品位热能，可经热泵系统采集提取后用于建筑供热（冷）。在浅层地热能开发利用中应坚持以下原则。

1. 因地制宜。立足区域地质、水资源和浅层地热能特点、居民用能需求，结合城区、园区、郊县、农村经济发展状况、资源禀赋、气象条件、建筑物分布、配电条件等，合理开发利用地表水（含江、河、湖、海等）、污水（再生水）、岩土体、地下水等蕴含的浅层地热能，不断扩大浅层地热能在城市供暖中的应用。

2. 安全稳定。供热（冷）涉及民生，浅层地热能开发利用必须把保障安全稳定运行放在首位，工程建设和运营单位应具备经营状况稳定、资信良好、技术成熟、建设规范、工程质量优良等条件，并符合当地供热管理有关规定，确保供热（冷）系统安全稳定可靠，满足供热、能效、环保、水资源保护要求。

3. 环境友好。浅层地热能开发利用应以严格保护水资源和生态环境为前提，确保不浪费水资源、不污染水质、不破坏土壤热平衡、不产生地质灾害。

4. 市场主导与政府推动相结合。充分发挥市场在资源配置中的决定性作用，以高质量满足社会供热（冷）需求不断提升人民群众获得感为出发点，鼓励各类投资主体参与浅层地热能开发。更好发挥政府作用，针对浅层地热能开发利用的瓶颈制约，用改革的办法破除体制机制障碍，有效发挥政府规划引导、政策激励和监督管理作用，营造有利于浅层地热能开发利用的公平竞争市场环境。

（三）主要目标

以京津冀及周边地区等北方采暖地区为重点，到2020年，浅层地热能在供热(冷)领域得到有效应用，应用水平得到较大提升，在替代民用散煤供热(冷)方面发挥积极作用，区域供热（冷）用能结构得到优化，相关政策机制和保障制度进一步完善，浅层地热能利用技术开发、咨询评价、关键设备制造、工程建设、运营服务等产业体系进一步健全。

二、统筹推进浅层地热能开发利用

相关地区各级发展改革、运行、国土、环保、住建、水利、能源、节能等相关部门要把浅层地热能利用作为燃煤减量替代、推进新型城镇化、健全城乡能源基础设施、推进供热（冷）等公共服务均等化等工作的重要内容，加强组织领导，强化统筹协调，大力推动本地区实施浅层地热能利用工程，促进煤炭减量替代，改善环境质量。

（一）科学规划开发布局

相关地区国土资源主管部门要会同有关部门开展中小城镇及农村浅层地热能资源勘察评价，摸清地质条件，合理划定地热矿业权设置区块，并纳入矿产资源规划和土地利用总体规划，为科学配置、高效利用浅层地热能资源提供基础。相关地区省级人民政府水行政主管部门会同发展改革、国土、住建、能源等部门依据区域水资源调查评价和开发利用规划、矿产资源规划和土地利用总体规划、浅层地热能勘察情况，组织划定水（地）源热泵系统适宜发展区、限制发展区和禁止发展区，科学规划水（地）源热泵系统建设布局。相关地区省级能源主管部门会同有关部门将本地区浅层地热能开发利用纳入相关规划，并依法同步开展规划环境影响评价。有关部门进一步健全和完善浅层地热能开发利用的设计、施工、运行、环保等相关标准，制定出台水（地）源热泵系统建设项目水资源论证技术规范和标准，明确浅层地热能热泵系统的能效、回灌、运行管理等相关要求。

在地下水饮用水水源地及其保护区范围内，禁止以保护的目标含水层作为热泵水源；对于地下水禁止开采区禁采含水层及与其水力联系密切的含水层、限制开采区的限采含水层，禁止将地下水作为热泵水源；禁止以承压含水层地下水作为热泵水源。浅层地热能开发利用项目应依法开展环境影响评价；涉及取水的，应开展水资源论证，向当地水行政主管部门提交取水许可申请，取得取水许可证后方可取水；涉及建设地下水开采井的，应按水行政主管部门取水许可审批确定的地下水取水工程建设方案施工建设。

（二）因地制宜开发利用

相关地区要充分考虑本地区经济发展水平、区域用能结构、地理、地质与水文条件等，结合地方供热（冷）需求，对现有非清洁燃煤供暖适宜用浅层地热能替代的，应尽快完成替代；对集中供暖无法覆盖的城乡接合部等区域，在适宜发展浅层地热能供暖的情况下，积极发展浅层地热能供暖。

相关地区要根据供热资源禀赋，因地制宜选取浅层地热能开发利用方式。对地表水和污水（再生水）资源禀赋好的地区，积极发展地表水源热泵供暖；对集中度不高的供暖需求，在不破坏土壤热平衡的情况下，积极采用分布式土壤源热泵供暖；对水文、地质条件适宜地区，在100%回灌、不污染地下水的情况下，积极推广地下水源热泵技术供暖。

（三）提升运行管理水平

浅层地热能开发利用涉及土壤环境和地下水及地表水环境，项目建设和运营应严格依据国家相关法律法规和标准规范进行。运营单位要健全浅层地热能利用系统运行维护管理，综合运用互联网、智能监控等技术，确保系统安全稳定高效运行，供热质量、服务等达到所在地有关标准要求。严格保护地下水水质，制定目标水源动态监测与保护方案，定期对回灌水和采温层地下水取样送检，并记录在案建档管理；应对采温层岩土质量、地下水水位、系统运行效率等实施长期监测，其中供回水温度、系统COP系数、土壤温度等参数应接入国家能耗在线监测系统，实现实时在线监测。对取用及回灌地下水的，应分别在取、灌管道上安装水量自动监测设施，并接入当地水行政主管部门水资源信息管理平台。热泵机组全年综合性能系数（ACOP）应符合相关标准要求，系统供热平均运行性能系数（COP）不得低于3.5。

（四）创新开发利用模式

在浅层地热能开发利用领域大力推广采取合同能源管理模式，鼓励将浅层地热能开发利用项目整体打包，采取建设—运营—维护一体化的合同能源管理模式，系统运营维护交由专业化的合同能源服务公司。运营单位对系统运行负总责，并制定供热（冷）服务方案，针对影响系统稳定运行的因素编制预案。

三、加强政策保障和监督管理

(一) 完善支持政策

浅层地热能开发利用项目运行电价和供暖收费按照《国家发展改革委关于印发北方地区清洁供暖价格政策意见的通知》(发改价格〔2017〕1684号)等相关规定执行。对传统供热地区，浅层地热能供暖价格原则上由政府按照供暖实际成本，在考虑合理收益的基础上，科学合理确定；其他地区供热(冷)价格由相关方协商确定。

对通过合同能源管理方式实施的浅层地热能利用项目，按有关规定享受税收政策优惠；中央预算内资金积极支持浅层地热能利用项目建设。相关地区要加大支持力度，将浅层地热能供暖纳入供暖行业支持范围，符合当地供热管理相关要求的浅层地热能供热企业作为热力产品生产企业和热力产品经营企业享受供热企业相关支持政策。

鼓励相关地区创新投融资模式、供热体制和供热运营模式，进一步放开城镇供暖行业的市场准入，大力推广政府和社会资本合作(PPP)模式，积极支持社会资本参与浅层地热能开发。鼓励投资主体发行绿色债券实施浅层地热能开发利用。鼓励金融机构、融资租赁企业创新金融产品和融资模式支持浅层地热能开发利用。

(二) 加强示范引导和技术进步

相关地区要组织实施浅层地热能利用工程，选择一批城镇、园区、郊县、乡村开展示范，发挥其惠民生、控煤炭、促节能的示范作用。国家发展改革委会同有关部门选取地方典型案例向社会发布，引导社会选用工艺技术先进、服务质量优良的设备生产、项目建设和运营维护单位，有效推动节能减煤和改善生态环境。相关地区发展改革委、住房城乡建设部门要及时组织示范工程项目申报。加大对浅层地热能供暖技术的研发投入和科技创新，提升装备技术水平，进一步提高浅层地热能供暖系统的稳定性和可靠性。

（三）建立健全承诺和评估机制

国家发展改革委、住房城乡建设部、水利部组织建立浅层地热能开发利用项目信息库，由项目单位登记项目信息，包括企业信息、项目建设信息、运行信息，并承诺项目符合浅层地热能开发利用相关法律法规和标准规范要求，提交定期评估报告等，接受事中和事后监管。运营单位每年对项目运行维护情况进行评价，重点评估系统运行效率、供回水温度、地下水回灌率、土壤温度波动、土壤及地下水质量检测情况等，评价报告作为项目信息提交浅层地热能利用项目信息库。

（四）加强监督检查

相关地区各级发展改革、运行、国土、环保、住建、水利、能源、节能等相关部门要按照职责加强浅层地热能开发利用的监督管理，重点对温度、水位、水质等开展长期动态监测，对项目的供暖保障、能效、环保、水资源管理保护、回灌等环节进行监管。地下水水源热泵回灌率达不到相关标准要求、回灌导致含水层地下水水质下降、开采地下水引发地面沉降等地质与生态环境问题的，由国土、环保、水利等部门按照国家有关法律法规依法查处；对导致水质恶化或诱发严重环境水文地质问题的，由国土、环保、水利等部门依法查处；对机组及系统热效率不达标、地温连续3年持续单向变化等，不得享受价格、热（冷）费、税收等清洁供暖相关支持政策；对未按批准的取水许可规定条件取水、污染水质、破坏土壤热平衡、产生地质灾害、未能履行供热承诺且整改后仍不能达到相关要求的项目单位失信行为纳入全国信用信息共享平台，实施失信联合惩戒。

参考文献

[1] Aruvian Research. Analyzing geothermal energy 2018[R].U.S.：Aruvian Research，2019.

[2] British Petroleum. BP statistical review of world energy [R]. London：BP，2018.

[3] PASQUALI R. Regeocities best practice analysis report，the intelligent energy Europe programme of the European Union[R]. EU：SLR，2013.

[4] 安信证券 . 行业动态分析：锅炉设备 [R]. 北京：安信证券，2017.

[5] 陈向国 . 汪集暘：科学、理性迎接中国地热资源开发利用第二春 [J]. 节能与环保，2017（10）：16–24.

[6] 城市绿色发展科技战略研究北京市重点实验室 . 2014—2015 城市绿色发展科技战略研究报告 [M]. 北京：北京师范大学出版社，2015.

[7] 程韧 . 为中国无煤、替煤路线图进言 [J]. 中国地能，2017（18）：44–48.

[8] 程韧 . 中国城镇建筑供暖：能源和供暖方式的抉择[J]. 中国地能，2017（20）：32–35.

[9] 关成华，韩晶，等 . 绿色发展经济学 [M]. 北京：北京大学出版社，2018.

[10] 关成华，韩晶 .2017/2018 中国绿色发展指数报告：区域比较 [M]. 北京：经济日报出版社，2018.

[11] 关成华，韩晶 . 中国城市绿色竞争力指数报告 2018[M]. 北京：经济日报出版社，2018.

[12] 关成华，赵峥，等 . 中国城市科技创新发展报告 2018[M]. 北京：科学出版社，2019.

[13] 国家发展改革委，国家能源局，财政部，等 . 关于印发北方地区冬季清洁取暖规划（2017—2021）的通知：发改能源〔2017〕2100 号 [A/OL]. [2019–08–15].http://www.nea.gov.cn/2017–12/27/c136854721. thm.

[14] 国家发展改革委，国家能源局，国土资源部．地热能开发利用“十三五”规划 [A/OL]. [2019-08-20]. http://www.ndrc.gov.cn/fzgggz/fzgh/ghwb/gjjgh/201706/w020170605632011127895.pdf.

[15] 国务院发展研究中心，壳牌国际有限公司．中国中长期能源发展战略研究 [M]. 北京：中国发展出版社，2013.

[16] 韩文科，康艳兵，刘强，等．中国 2020 年温室气体控制目标的实现路径与对策 [M]. 北京：中国发展出版社，2012.

[17] 何勇健．中国能源布局与战略规划 [J]. 环球市场信息导报，2014（21）：35-41.

[18] 康慧，孙宝玉，李瑞国．供暖燃料问题探讨 [J]. 区域供热，2017（5）：46-51.

[19] 孔祥军，孙振添，张国山，等．浅层地能资源可持续开发利用的几点建议 [J]. 中国地能，2016（13）：50-53.

[20] 李晶．武强院士谈利用浅层地热能为农村供暖的优势 [J]. 中国地能，2016（15）：50-53.

[21] 李宁波，李翔，杨俊伟，等．新时代地热行业发展若干思考 [J]. 中国地热能，2018（23）：6-12.

[22] 李宁波，李翔．浅层地温能开发的多能并举模式 [J]. 中国地能，2017（19）：34-40.

[23] 清华大学建筑节能研究中心，国际能源署．中国区域清洁供暖发展研究报告 [R]. 北京：国际能源署，2018.

[24] 清华大学建筑节能研究中心．中国建筑节能年度发展研究报告 2017[M]. 北京：中国建筑工业出版社，2017.

[25] 苏树辉，袁国林，姜耀东，等．清洁供热与建筑节能发展报告（2016）[M]. 北京：世界知识出版社，2016.

[26] 王秉忱，李宁波，魏风华，等．我国京津冀地区浅层地能勘察评价开发利用现状与展望 [J]. 中国地能，2015（7）：20-27.

[27] 王光谦．推广利用地能无燃烧供热系统，加快地能热冷一体化新兴产业的发展，减轻燃煤供热的雾霾污染 [J]. 中国地能，2014（1）：13-14.

[28] 吴德绳 . 用低品位能源为建筑物供暖是高尚的追求[J]. 中国地能，2015（8）：30–33.
[29] 徐生恒 . “智慧供暖”的实践与理解 [J]. 中国地能，2016（16/17）：6–9.
[30] 许文发，白首跃，赵慧鹏 . 新型城镇化形势下的区域能源产业[J]. 中国地能，2015（9）：42–47.
[31] 许文发 . 中国发展区域能源的意义与展望 [J]. 中国地能，2016（11/12）：32–35.
[32] 鄢毅平 . 开发利用浅层地能供热对于中国的特殊意义 [J]. 中国地能，2015（10）：18–22.
[33] 鄢毅平 . 小城镇地能热冷一体化是中国的新兴产业[J]. 中国地能，2014（1）：15–16.
[34] 杨驿昉 . 能源转型大时代中的分布式能源：迈入“提质增效”新阶段 [J]. 能源，2017（12）：39–40.
[35] 赵峥，袁祥飞，于晓龙 . 绿色发展与绿色金融：理论、政策与案例 [M]. 北京：经济管理出版社，2017.
[36] 赵峥 . 亚太城市绿色发展报告：建设面向2030年的美好城市家园 [M]. 北京：中国社会科学出版社，2016.
[37] 郑克棪 . 地源热泵在清洁能源供暖中的作用 [J]. 中国地热能，2018（22）：18–22.
[38] 智研咨询集团 . 2017—2022 年中国地热发电和直接利用市场研究及投资前景预测报告 [R]. 北京：智研咨询集团，2016.
[39] 中国城镇供热协会 . 中国供热蓝皮书 2019：城镇智慧供热 [M]. 北京：中国建筑工业出版社，2019.
[40] 中国能源研究会 . 中国能源展望 2030[R]. 北京：中国能源研究会，2016.
[41] 自然资源部中国地质调查局，国家能源局新能源和可再生能源司，中国科学院科技战略咨询研究院，等 . 中国地热能发展报告 2018[M]. 北京：中国石化出版社，2018.